黒猫モンロヲ、モフモフなやつ

ヨシヤス

幻冬舎文庫

黒猫モンロヲ、

KURONEKO MONROE

モフモフなやつ

本文デザイン
鈴木久美

KURONEKO

MONROE

猫と暮らしたい

ムム・・・
I♡
ムムムム・・・
I♡ CATs
ムムムムム――ン
I♡ CATs
ム〜〜〜ン
ンンン・・・・
ふーっ
バサッ
ねこ 里親 募集コーナー
この女子
ネコを飼うか否か・・・
ネコ飼いたいなぁ―
でも私に飼えるかなぁ―
どうしようかな
ムリかな
I♡ CATs
ネコマニア
ねこのこころ
THE ねこ

迷いに迷って
もう何ケ月も
この状態。
Zzz~
名前はヨッピー。
Zzz…
職業、
イラストレーター。
当時は東京の
とある街に一人暮らし。
ココ
前よりちょっとだけ広い
マンションに引っこして
きたのを機に、
ネコと暮らしたいという
幼いころからの夢が
ムクムクと頭を
もたげてきたのだった。
あ、それはちょっとウソで、
ホントは犬と暮らすのが
夢でした。
ママー
犬ほしいー
ダメー
でも、この部屋は犬と
暮らせるほどには広くなく
毎日の散歩という
ミッションは
まずインポッシブルで、
ちょいちょいのお留守番も
キビシかろ…。
302
…という流れで、
「ネコ」という話に
なったわけで。
あ！
いいこと思いついた！
…と言っているが
どうせたいしたこと
なかろう。

迷案

我ながら名案!!
TOYLAND
どうぶつぬいぐるみコーナー
あったあった
ヒョウのぬいぐるみ
えーと… この辺かな…
ポフッ
クルッ

うふ♡
クルッ
次は、
この辺かな…
でへへへ
ほんでもって…
こんな風に
ネコと同じくらいの大きさのヒョウのぬいぐるみでネコとの暮らしをイメトレし
ネコへの思いが本物か否か
自問自答する期間を
経て…
スタッ
よしっ！いける!!
いける気がするっ。
そんな気がする!!
なぜネコのぬいぐるみでなくヒョウだったのか、
いや、それよりもっと他にやり方あるやろ!!…など
間違いだらけではあるけれど
私は私なりに真剣に考えたのであーる。

電話

黒猫がいい
と決めていた私は
雑誌の里親募集
コーナーで
気になったコに…
マルをつけていた。
・黒猫
・オス
・去勢済み
・トイレしつけ済み
・しっぽまっすぐ
その黒猫は
もう子猫とは呼べない
大きさだった。
少し大きくなったコは
もらい手がつきにくいのでは
ないか?
なら、私が立候補しよう!
と思ったのと、
初めての猫だから
「去勢済み」なのも心強い
と思ったのだった。
…って言いながら、
ホントはまだまだ
迷いに迷っていたので…
まずは話を聞くだけ
にしよう!
ということにした。
うん。会うだけ。
そう。会うだけ。
まじで会うだけ。
ネコの
飼い方
とか、
いろいろ
話を
聞いて
ホントに
私に飼う
資格があるか
どうか、あちらに見極めて
もらうっちゅうのもあるしな…。
ブツブツ
ウロウロ
会うだけ。
会うだけ!!
会うだけっ!!
イエスWe会うだけ。
ドンウォーリー
Be会うだけ!
JUST Do
会うだけっ!!
もうええっちゅうねん

とい～うわけで
私は意を決して
電話したのだった。
あの～う…もしもし、
里親募集
を見まして…
いやっあのっはい。飼ってみたい
というキモチはものすごく
あるのですが、その、何せ
初めてでして、ホントに
ちゃんとできるのかどうか
自分でもわかりませんで…
その…
これまで文鳥とか
インコしか飼ったことが
なくて…
ピー
あ、ザリガニ的
なのもありますが
それは
おいといて…
現在一人暮らしでして
部屋の広さもこれで
足りるのかど～うか…
まずは一度ネコちゃんに
会うだけで、ほんでもって
お話をいろいろお伺い
して、その上でもう一度
じっくり考えさせて
いただきたく、
又、教えてもらいたいことも
たくさん
ありまして
え～と…
え～と…
…てな風に
電話して
きたくせに
めちゃくちゃ
及び腰な私に…
どうぞ
会うだけでも
いいですよ。
…と言ってくれた。
一応、正直者だと
いうことだけは
ふぅ…
キンチョー
した…
カチャ
伝わったみたい？
だった。

お見合い

ガチャ
いらっしゃい。
石田さん
おじゃまします。
どうぞー上がって下さい。
あ!
ネコ。
あれ!
上にも?
下にも!?
ここにも
ココ
あ!
あ!
あ!
あ!
あ!
へえーいっぱいいるんですねぇ!
キョロ
キョロ
ー視界に入るだけでも10匹はいると思われた。ー
こんなにたくさんネコがいるおうち、初めて見ましたぁ….
ビックリしたでしょう?

はい。正直ビックリです。
あれ？こんなにいっぱいいても においが 全然しないですね!?
ネコそのもののにおいは ほとんどないんですよ。ネコは清潔好きですしね。もしネコがくさいと言う人がいたら、それはオシッコかウンチのにおいです。
そうなんですかあ。
ナント！ くさくない動物がいるとは！
でも さすがにここまで多いと 1日に2回そうじするんですよ。
へえ… だからこんなにキレイなんですねぇ。
あ、でも 1匹だけなら そんな必要ないですよ。
へえ―――。
よかった…
それはもう、知らないことだらけだった。
じゃ、トイレのそうじは…
それはですね…

ピョコ
ゴハンは？
それはですね…
てけてけ…
へぇー
てけてけてけてけ
ほう…
なるほど…
てけてけ
?
てけ てけてけ
ん?
てけてけてけてけ
へ?
ピョコ
およよ!
ちんまり

あれま・・・
そのコですよ。
・・・・・・。
え?
あ・・・
お見合いのコ
そのコです。
名前は「ひじき」っていいます。
他にも黒いコいて
わからなかった
ですよネ。
ゴメン
なさいね。
?
ウフ

か、
かわいいー
ネコって、こんな風に自分からひざに乗ってきてくれるんですね!?
もっとすごくクールなのかと思ってました!!
現に、他にこんなにたくさんいるとゆーのにだーれも私にキョーミを示してないという事実!
他のコはだいたいいつもこんな感じなんですよ。
大人ネコですし
ところで、どうしてこのコだけ里子に?
実は・・・・

拾ってきた時は主人も私も、このコをうちのコにするつもりだったんですよ。
ところが、このコが来てから先住のあのコが
脱毛症になっちゃったんです。
今はしかたなくケージに入ってもらってるんですけど…
アイツのお見合いがうまくいきますように。そして早く出ていってくれますように…。
そういうわけで、このコを泣く泣く手ばなすことに…
そうだったんですか…。
あ、でもこのコがあのコに悪さするとか、ケンカするとか、そういうことじゃないんですよ。
へえ？

具体的に何をするでもないのに…ストレスなんでしょうね。
獣医さんに診てもらってるんですけど、
なかなか治らないんです。
いなくなれー アイツいなくなれー。
はぁ、そうなんですかぁ…。
ネコにもいろいろあるんスね
多大なストレスを被り、脱毛、通院。その上理不尽なケージ暮らし。
それが自分のせいだということにすら気づいていない。
でもホントにこのコはいいコなんですよ。
なつっこくて。
はい。ホントになつっこくていいコですね!

今まで里親さんが
決まらなかったのが
不思議なくらい…。
実は…
雑誌に掲載して
もらってから10組くらい
応募があったんですよ。
え!?
そんなに!?
でもね、
お見合いしてみて、
私の方が、
ちょっと違うなって思って
お断りしたり…
へぇ…
そっか…
断られる
場合もあるわけだ…。
確かに、逆の立場だったら
そだよな…。
渡したくない相手だって
いるよなぁ…。
会う直前になって
このコがカゼひいちゃって
お話が流れたり…
ほぅ
ネコも
カゼをひくのか!

その度に
ご縁が
なかったんだなって…
そうこうしてる間に
日が経っちゃって…
こーいうことは
焦っても
いいことないので
じっくりいこーと
思うんですけど…
でも、あのコの
脱毛問題があるから
そうも言っておられず、
あ…
あのー…
ホントは今日、
会うだけって思って
来たんですけど…
ト…
トライアル…
ってゆーんですか
その「お試し飼い」を、

してみて
いいですか？
いや、
させて下さいっ！
私で
よろしければっ！

ボクの進む道

新品キャリー
準備しました。
これでいいですか？
バッチリです。
パカッ
あ、それから
トイレのしつけはできてますから大丈夫だと思いますけど、
環境が変わると失敗するコもたまにいますんで…
ピョコ
あ、来た？
てけ てけ
スン
スン

そろー…
ちんまり
あ…
入った。
パタン…
自分から？
入りましたね。
こんなにすんなり？
自分で入ってくれるもんなんですか？
いえいえ！
私も、今ちょっとビックリなんです。
うちにいる他のコはだいたいキャリーに入るのイヤがりますから！
はなせー!!
人殺しー!!
人さらいー!!
ガシッ!!
もぉ大さわぎ！

たくさんのネコがいる中で
このコだけが
ひざに乗ってきて
そして自分から
キャリーに
入った。
それが
「たまたま」
だったのか
「運命」なのか、
とらえ方で
呼び方が変わるだけ
かもしれないけれど…

「ボクはこの人の所へ行くよ」
と言っているように
感じた、と
後日もらった
石田さんからの
手紙に書いてあった。

じゃあ、何かあったら遠慮なく連絡下さい。無理そうだったらいつでも戻して下さいね。
はいっ
ヨコスカから東京へ、友人に頼んで車を出してもらい黒猫ひじきは1週間のお試し生活をしに、うちへやってきたのです。
正直言ってその時は、ネコとの暮らしを1週間だけ体験させてもらって…
やっぱり考え直してお返しする確率95%
…って思っていたのでした。
ただいまー
さあ着いたよー
パカッ
キョロキョロ
そろー
スンスン

ようこそ我が家へー。
ズン ズン
どうぞ自由に探検してねー
ズン ズン
さてとっ
まずはトイレのセッティング!
なんと!石田さんは必要なものを一式持たせてくれたのです。
フード
ネコの砂
CAT FOOD
ニオワニャイ
ネコ砂
トイレ
陶器の食器
ところでトイレの場所はどうやったらわかってくれるのかな…
ザラ ザラー
…ってあれっ?
いたの!?
ザク ザク
ジョー
まがお

ザックザック
ピョン
おおー!!
スタスタ…
すごいっ
ふりふり
これが世に言う…
トイレしつけ済み!!
見る？

あ、スイマセン
トイレ どこっスか？
はいはい
こちらですよ
どーぞー
みたいなやりとり
なしでできるとは…
予想以上。

ネコの習性って、

美しい。

初めての夜

さて、そろそろ寝ようかと思うんだけど……
スンスン
どうやって寝るのか聞いてくんの忘れたっ。
私は、ネコと暮らすのは初めてですが、
あちらは人間と暮らす経験アリという意味で……
彼の方が先輩なのだから……
お任せします。
パチン！
では、ご自由に、お好きな場所でおやすみ下さい。
おやんみー。

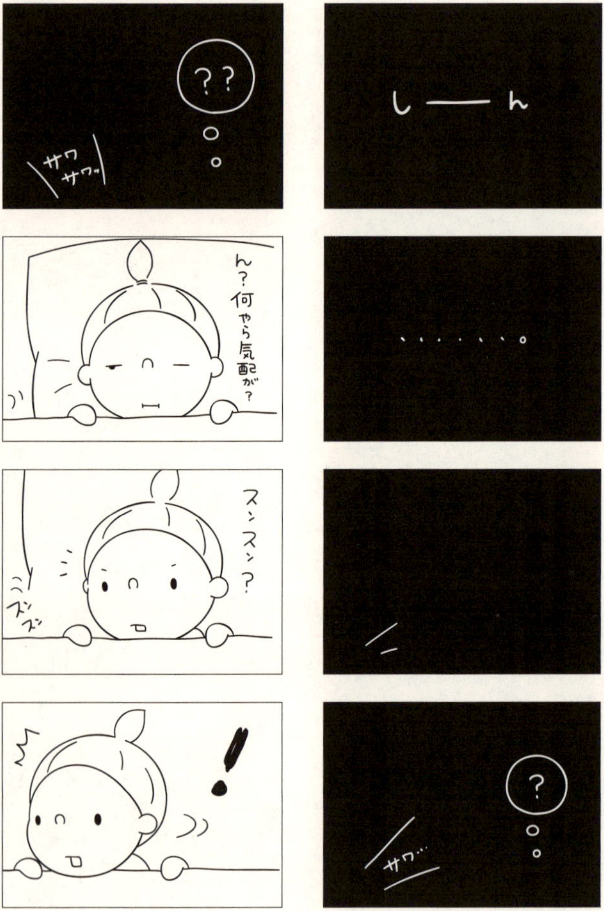
しーーん
……。
サワ…
？
サワ
サワッ
？？
ん？何やら気配が？
スンスン？
ズンズン
！

なんと!?
一緒に?
くるりん
寝るの!?
そっかあ!
一緒に寝てくれるのかぁ!
こんなパターン考えもしなかったなぁ…
カンドー。
私から一緒に寝ようって言わなくてゴメンね。
なんか、ほっといた感じでゴメン。
うんうん。一緒に寝ようね。
大歓迎ですよ。

ありがとね。
嬉しいよ。
おやすみ。
こうして私の方が一つずつ教えてもらったのでした。

決心

数日後

大丈夫です。

ピポ ピパポ

私、このこと

トルルル〜
ガチャ

やっていけると思います。

もしもし

カチャン

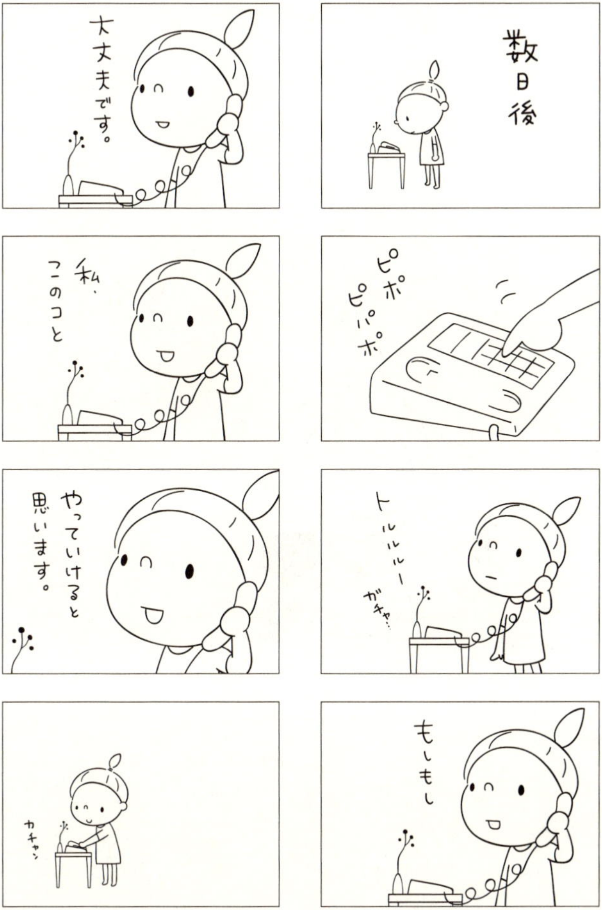

こーうして
私とモンロヲは
家族になった。

あ…どうしてモンロヲって名前になったのかって？

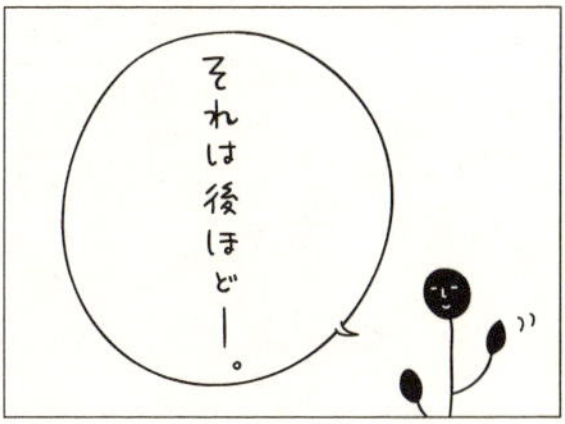
それは後ほどー。

!?
?

キミの名前

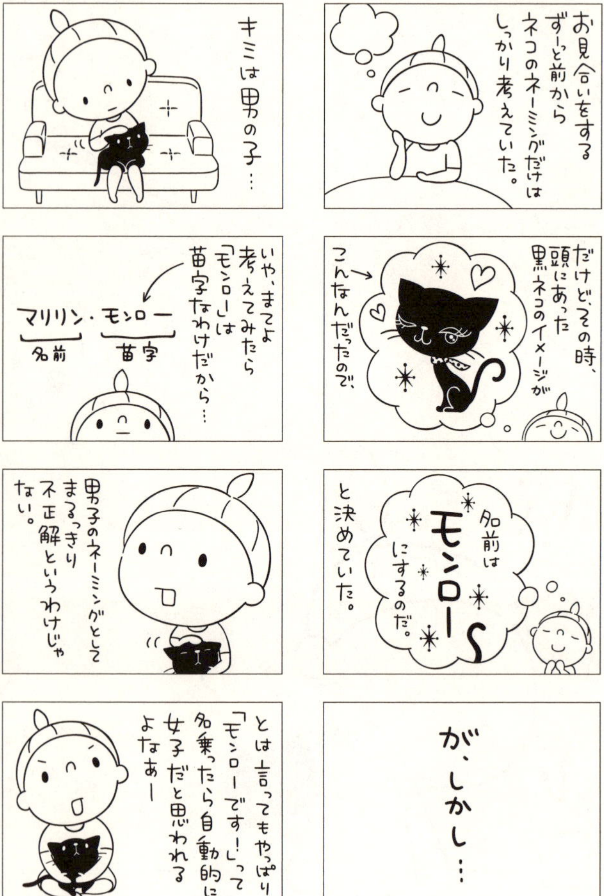

お見合いをする
ずーっと前から
ネコのネーミングだけは
しっかり考えていた。
だけど、その時、
頭にあった
黒ネコのイメージが
こんなんだったので、
名前は
モンロー
にするのだ。
と決めていた。
が、しかし…
キミは男の子…
いや、まてよ
考えてみたら
「モンロー」は
苗字なわけだから…
マリリン・モンロー
名前
苗字
男子のネーミングとして
まるっきり
不正解というわけじゃ
ない。
とは言ってもやっぱり
「モンローです!」って
名乗ったら自動的に
女子だと思われる
よなあー

うーむ…
「ひじき」もなかなかにかわいい名前だけど、やっぱり自分で考えた名前つけたいしなぁ…
やっぱしゼロから考え直すかなあー
あ！
「タロー」とか「イチロー」っていう意味での「モンロー」という考え方どーう？
モン郎とかモン朗的な？
そして表記を「モンロヲ」にして男子風味プラス。
なんか、良くない？
ひじき改め…
ジャーーン!!
命名 モンロヲ
ね、そうしょーう！
ね！
キョトーーン

そんなこんなで
黒猫モンロヲと人間ヨッピーが暮らした
フッーで特別な日々の物語
はじまりはじまり。

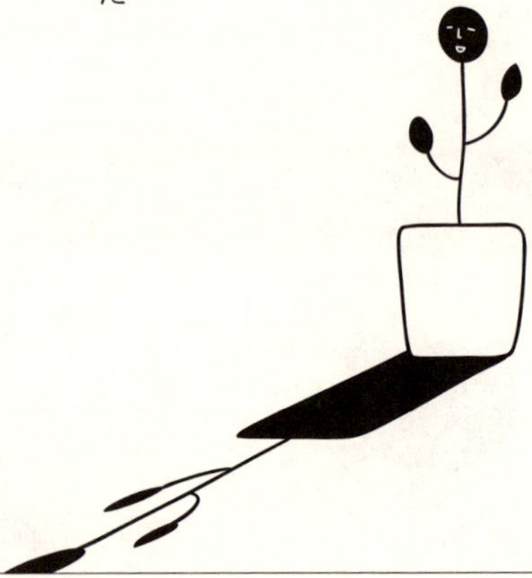

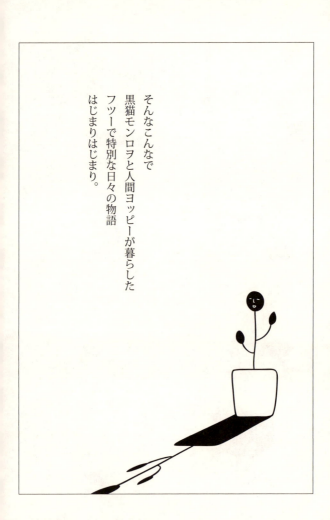

KURONEKO
MONROE

シッコ玉

ジョー
このシッコ玉
あげてもいいよ。
シッコ玉とは、ネコのトイレ用に作られた砂がオシッコで固まったものである。
猫砂の原材料は紙や鉱物やおからなどいろいろ。その固まり具合もいろいろ。
ネコのトイレを清潔に保つべく日々これを迅速に処理するのが人間に課せられた任務なのである。
そうそうー!
ちょーど尿で固まっただんご状のものが欲しかったとこ!!
なんでやねん!

宝物

ザック ザック
モンロヲは
うんちを
丁寧に
砂に埋める。
まるで
大切な
宝物の
ように。

うんこダッシュ

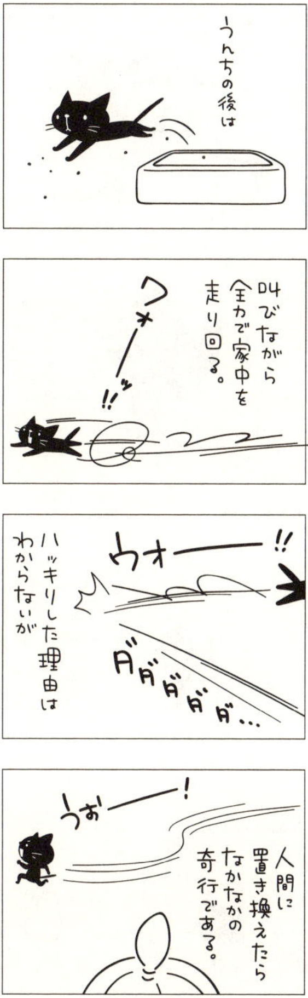

うんちの後は
叫びながら
全力で家中を
走り回る。
ワオー!!
ウオーーー!!
ハッキリした理由は
わからないが
ダダダダダ…
うぉーー!
人間に
置き換えたら
なかなかの
奇行である。

ツメとぎ

バリバリバリ
バリバリバリバリ
バリバリバリ
バリ
バリ
バリ
バリ
バリバリ
フ〜
やれやれ…
?
ソファの角っこをモケモケにしといてあげたよ。
モケ〜
イエーーイ!!
ちょーど フリンジつきのソファが欲しいと思ってたとこーー!!
…っな
わけあるか!

ドジ

ネコって、
こういう
ことが多いのでは？
って思われがちですが…
ヒョイッ…
ほらほら
モンちゃん、
コップに
気をつけ…
!!
て…
人間の方が
ずっとどんくさい。
あ、はい。
なんとか
だいじょび？

おもちゃで遊ぼう

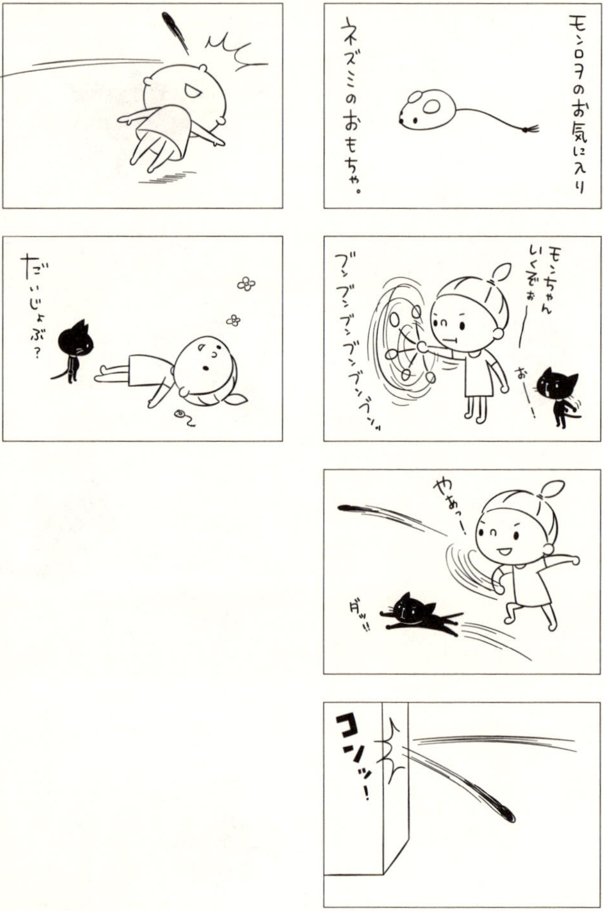
モンロヲのお気に入り
ネズミのおもちゃ。
モンちゃんいくぞぉー
ブンブンブンブンブ〜ンッ
おーー!
やぁっ!
ダッ!!
コンッ!
だいじょぶ?

さすが

Z Z Z
Z Z Z
よくあんな所で
寝られるなあー。
さすがネコ
バランス感覚が
ハンパないなあ。
えーっ!?
ガッ ガラ ドーーンッ!!
落ちるんかいっ。

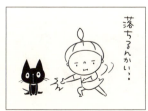

クライシス2011

2011年、ネコ界の天変地異とも呼べる重大な出来事が起こっていたのをみなさんはご存知だろうか。
ふぅー おなかいーっぱい。
朝ゴハンも食べたし もう一回寝よっかなー。
あれっ?
アレがない!!
昨日まであった寝るのにチョー最適なあったかーいアレがこつ然と姿を消し
ここサイコー
アレ
その代わり、こんなに薄っぺらい似て非なるヤツが
現れたのだ!!
うすっ せまっ
あいつめ…

コトリ

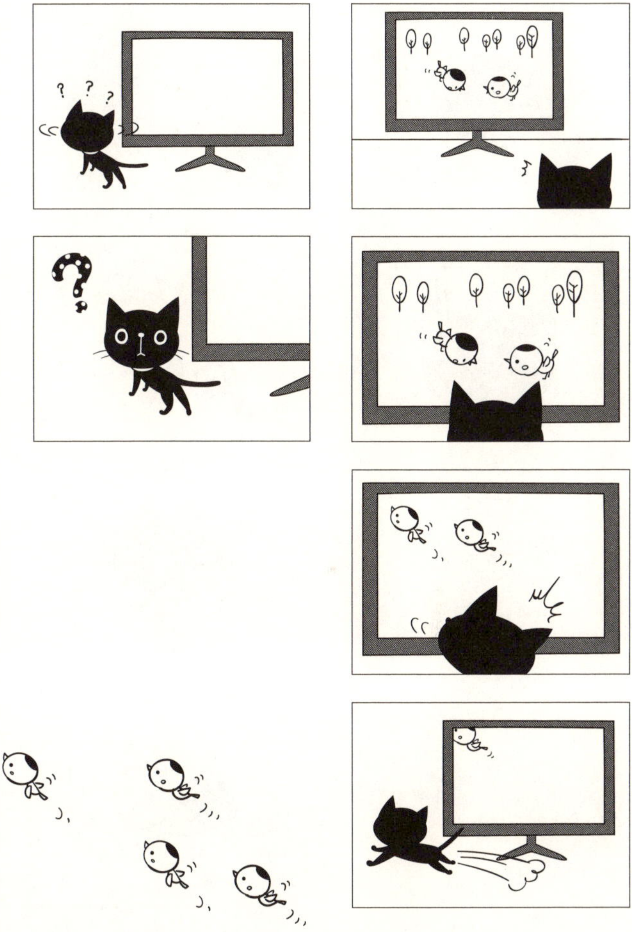

ステキなカラー

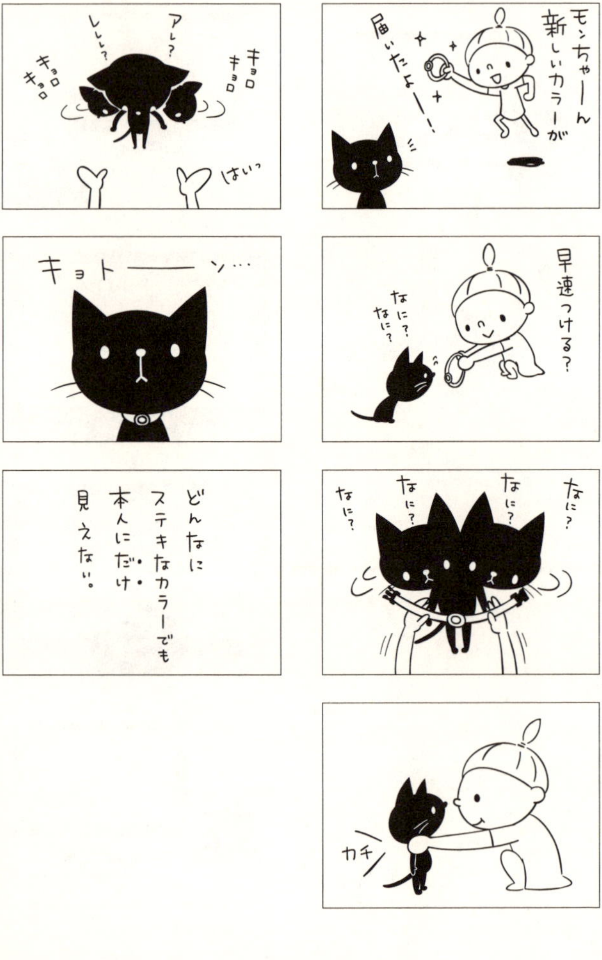
モンちゃーん
新しいカラーが
届いたよー!!
早速つける?
なに?
なに?
なに?
なに?
なに?
なに?
なに?
カチッ
キョロ
キョロ
アレ?
レレレ?
キョロ
キョロ
はいっ
キョトーーーン…
どんなに
ステキなカラーでも
本人にだけ
見えない。

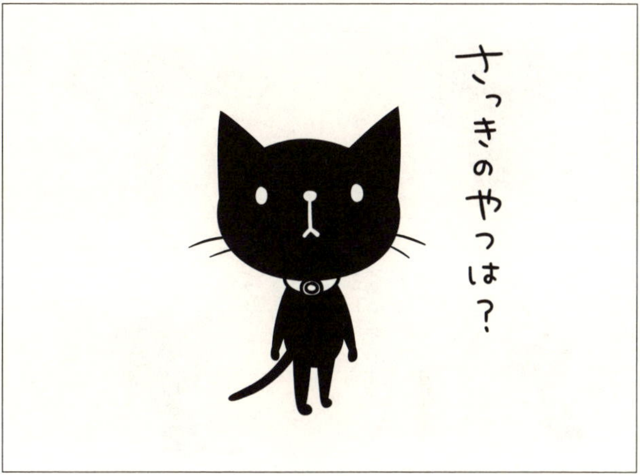
さっきのやつは？

シャワー

モンロヲは
シャワーが大好き。
ふっふふーーん♪
…じゃなくて。
シャワーを飲むのが好きなのだ。
うまー
私がお風呂に入ると
しれーっとついてきて、
蛇口んところで
「水くださー」
…とアピール。
蛇口からの「チョロチョロ水」でごまかそーうとすると…
じゃなくてぇー
これじゃない方のやつ。
…って空気を出してくるので、
しかたなーくシャワーを出すと、
そうそう これこれ
…と言わんばかりに
ペロ ペロ
無心で飲む。

無心すぎてだんだん
どこを見てるか
わからない目になり…
ペロ
ペロ
飲む。飲む。飲む。飲む。飲む。
これはもう
シャワートランス！
ペロ ペロ ペロ ペロ
くみ置きの水にはない
この取って出し感。
ウォーターファウンテンでは
得られない、このザーザー感が
たまら――ん!!
…てな感じで、
けっこうな時間をかけて
飲むわけだが、
モンロヲの舌にキャッチ
されてノドを通る水は
ごくごく一部。
シャワーのスジで言うと
2スジくらい。
そのほとんどがザーッと
流れ去っていくという
ものすご一く効率の
悪いシステム。
いや、
そんなことは
どうでもいい。
水をしっかり飲んで
くれることはむしろいい。
じゃ、なぜ私が
シャワーを出すことが
「しかたなーく」
なのかって？
それは…
その間ずー――っと
全裸でこの状態
だからです。

だれか代わってくれよ。

参加型1

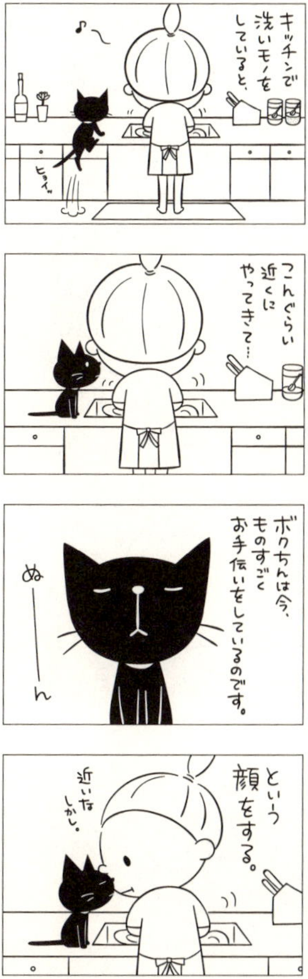
キッチンで洗いモノをしていると、
♪
ヒョイ
こんぐらい近くにやってきて…
ボクちんは今、ものすごくお手伝いをしているのです。
ぬ―――ん
という顔をする。
近いなしかし。

参加型2

水そうのそうじをしていると
キュッ
キュッ
キュッ
こんぐらい近くに座って…
いつも近いなしかし
ボクちんは今ものすごくお手伝いをしているのです。
という顔をするけれど、
ぬ―――ん
水そうの中の小さな生物には絶対気づかないだろう。
カニ(5ミリ)

バカ

スリスリ
モンちゃんかわいい——♡
今日もかわいい——。
もちろん今日もかわいいであります。
毎日
イェーイ
かわいい——!!
ウィ——
ラララ——♪
ま——い
に———ち♪
か——わ——…♪
ピンポーン
宅配便で——す。
は——い。

ナポリの石窯

ねぇねぇ
チワワとチクワってどう違うの？
チワワは世界で一番小さくてとってもかわいい犬で、
チクワは魚肉のすり身を竹などの棒に巻きつけて焼いた食べ物だよ。
ふーん…そっかあ…
ありがとう。
はい、どういたしまして。
ねぇねぇ
笹かまぼこって笹の味がするの？
笹かまぼこは笹の葉の形をしているだけで笹の味はしないよ。
ふーん
そっかぁー
ありがとう。
どういたしまして。
ねぇねぇ
メロンパンはメロン？
それともパン？
ハァハァ
ハァ
ハァ
モンちゃん…
ハァハァ
？
プルプル

ハァ ハァ
そろそろつっこんで下さい。
プルプル
ちなみに…
ハァ ハァ
一コマ目からボケてたつもり。
ポタポタ
ろくろとか、
本格ナポリの石窯とか…
最後のやつは…
えーと…
正式な呼び方知らんけど
「カベにはえたカラフルなポコポコを登るやつ」……ね。
そーゆーの一切うちにないじゃん?
!
あ、そっかぁー
そそ。
ありがとう。
ちょ、待って!
メロンパンはパンです!

パトロール1

異状ナシ。
ガチャ…
異状ナーーーシ!!
ぜんぜん異状ナーーーシ!!
モンちゃんのパトロールは異状があったことがない。
異状ナーーシッ!!

パトロール2

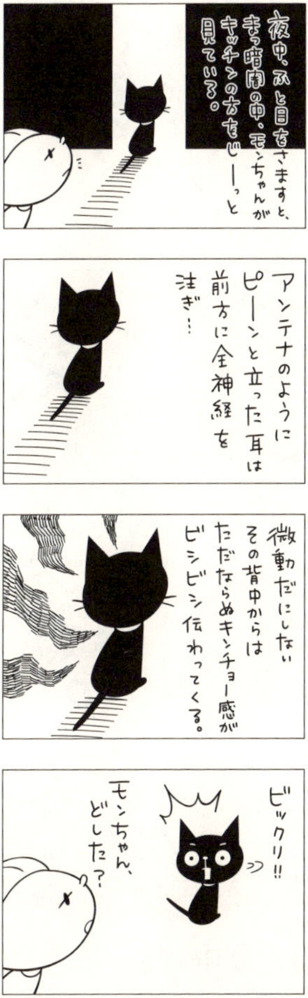
夜中、ふと目をさますと、まっ暗闇の中、モンちゃんがキッチンの方をじーーっと見ている。
アンテナのようにピーーンと立った耳は前方に全神経を注ぎ…
微動だにしないその背中からはただならぬキンチョー感がビシビシ伝わってくる。
ビックリ!!
モンちゃん、どした?

あ、何でもないし。
ホントに何でもないし。
100%イジョーナシ。
?
じゃ、おやんみーー。
??
あ、こっちだった！
スタコラ
???
次の朝
あれれれれっっ!!
昨夜のモンちゃんの視線の先にあったもの…
それは…
ネズミにかみちぎられて無残に穴のあいたゴミ袋だった。
45ℓ
異状ありまくりやがな。
ペロペロ
ペロ
ペロ
昨日見てたのコレだよね？
45ℓ
モンちゃんパトロール本日も
異状ナシ
見て見ぬふり。

ブランケットの使い方

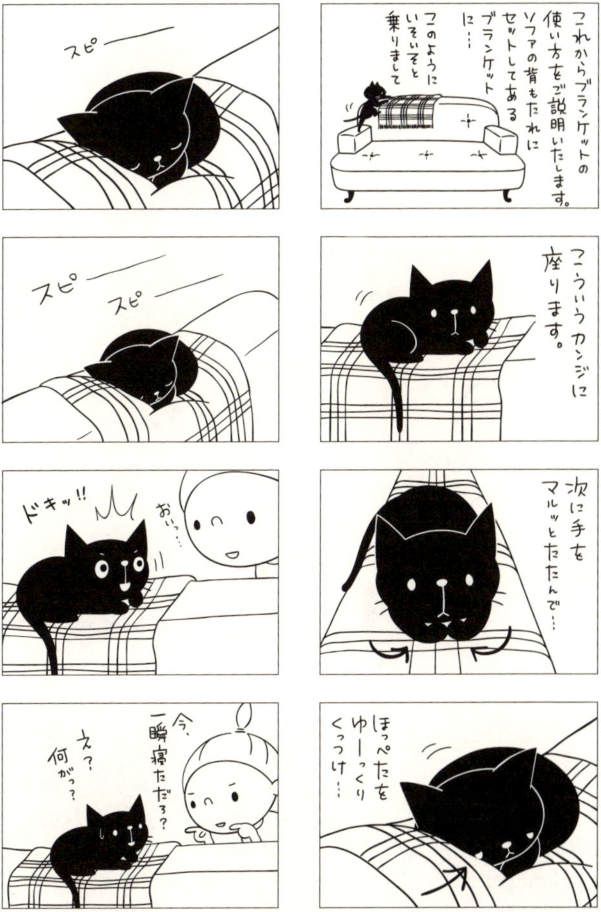
これからブランケットの使い方をご説明いたします。
ソファの背もたれにセットしてあるブランケットに…
このようにいそいそと乗りまして
こういうカンジに座ります。
次に手をマルッとたたんで…
ほっぺたをゆーっくりくっつけ…
スピー
スピー
スピ
ドキッ!!
おいっ…
今、一瞬寝ただろ?
え? 何がっ?

ワープ

ネコは、時々ワープしてるんじゃないか!? …と思う。
仕事をしていてふと気配を感じ…
ふりかえるとそこにいる。
いつの間に!?
ほんのちょっと目を離しただけで、
もういない。
いつの間にいなくなったのかなぁ…なんて思いながら仕事に集中しだすと
にゃあーー
ハッ
いたのっ?
…って言いながら…

いない。
…と見せかけて…
いる。
ふっふふーん♪
やっぱし
いるっ!!
そして
いないっ!!
また
いるっ!!
ワオ!
いなーい!!

・・・で？
いるの？
いないの？
ピョン
ピョン
ピョン・・・
いなーーーい!!
やられたー
イエーイ!!
あははははー
あはははー
ネコは時々、ワープしてるんじゃないかと思う。

わざと1

カチャカチャ
カチャカチャ
ヒョイッ
プププププ…
ぽおおおおおえｒっさあ３えあ

わざと2

カチカチ…
ヒョイッ
スッスッ
テテテテ

わざと3

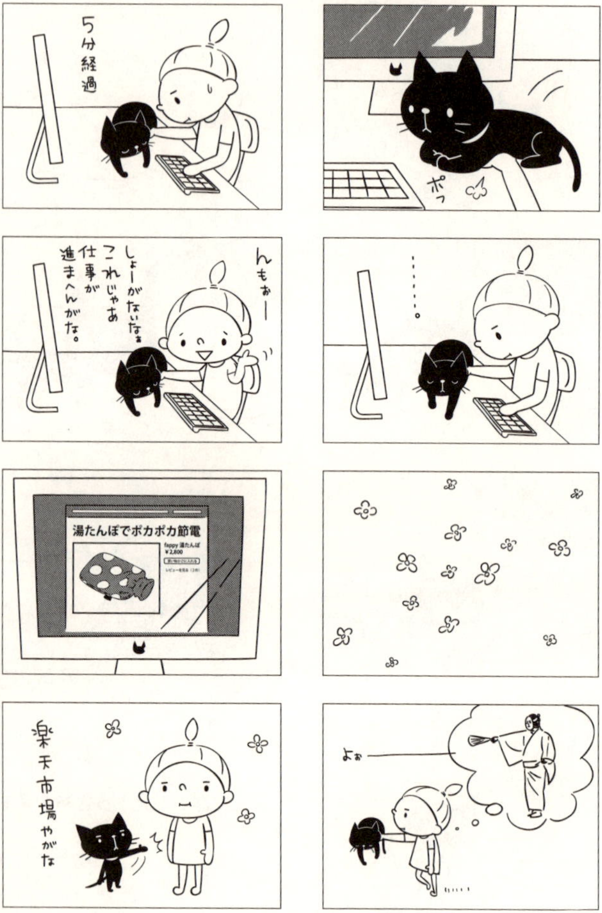
5分経過
ポッ
んもぉー
しょーがないなぁ
これじゃあ
仕事が
進まへんがな。
……。
湯たんぽでポカポカ節電
fappy 湯たんぽ
¥2,800
楽天市場やがな
よぉ

男のロマン

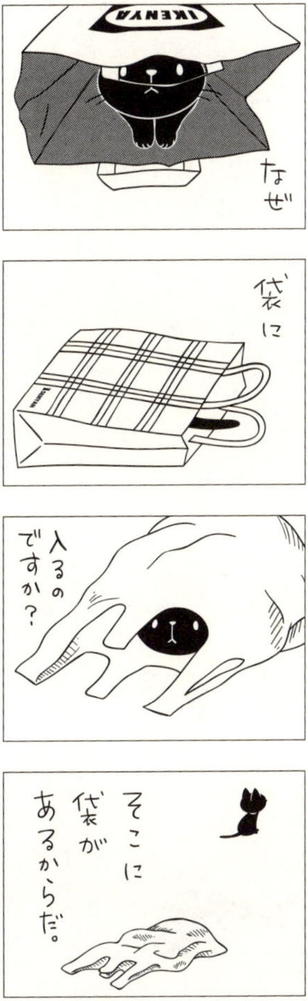
IKENYA
なぜ
袋に
入るのですか？
そこに袋があるからだ。

ミッション インポッシブル

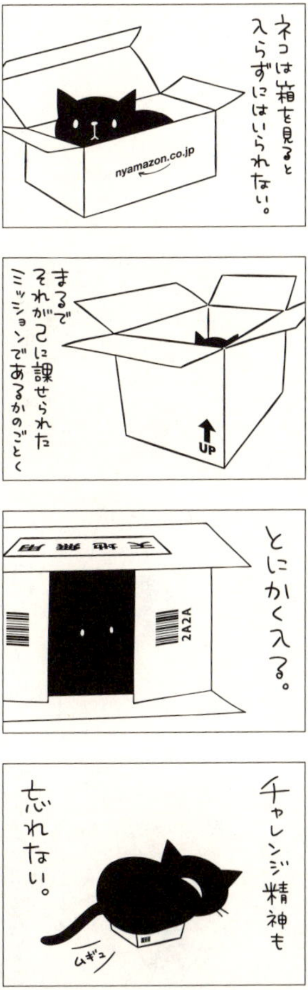
ネコは箱を見ると入らずにはいられない。
nyamazon.co.jp
まるでそれが己に課せられたミッションであるかのごとく
UP
とにかく入る。
2A2A
チャレンジ精神も忘れない。
ムギュ

添い寝1

ご存知ですか？
ネコって仲良しになると
一緒におふとんで
寝てくれるんですよ。
オンザ人間とか…
腕枕で寝るコも
いるんですよ。
添い寝って
ホントに
ほほえましい
もんですね。
モンちゃんの場合、
私が寝てると、
もぞもぞっとおふとんに
もぐり込んできて…
Z
z
z

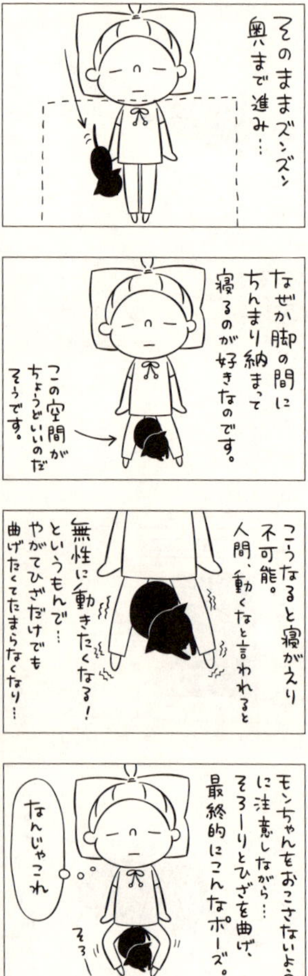
そのままズンズン
奥まで進み…
なぜか脚の間に
ちんまり納まって
寝るのが好きなのです。
この空間が
ちょうどいいのだ
そうです。
こうなると寝がえり
不可能。
人間、動くなと言われると
無性に動きたくなる！
というもんで…
やがてひざだけでも
曲げたくてたまらなくなり…
モンちゃんをおこさないよう
に注意しながら…
そろーりとひざを曲げ、
最終的にこんなポーズ。
なんじゃこれ
そろ～

添い寝2

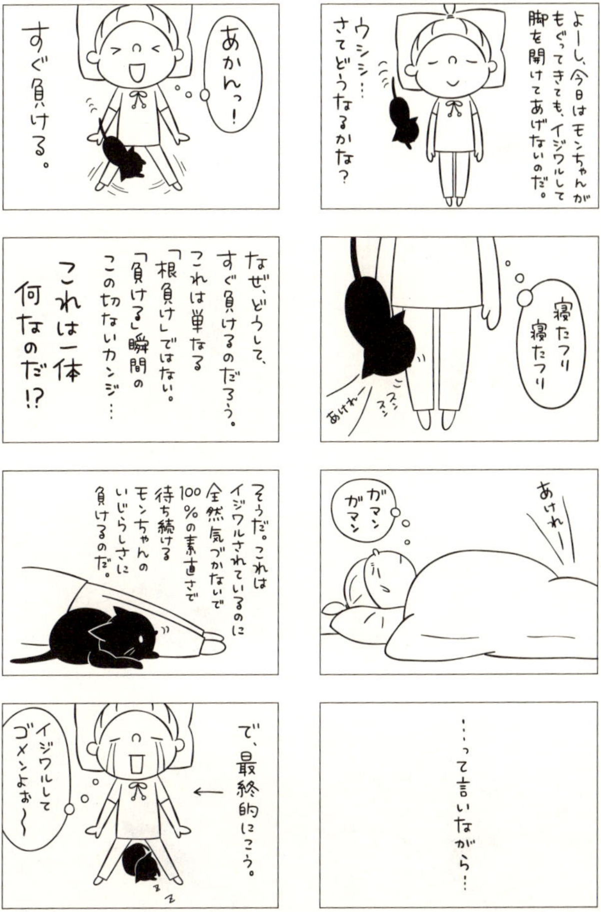
よーし、今日はモンちゃんがもぐってきても、イジワルして脚を開けてあげないのだ。
ウシシ…さてどうなるかな？
寝たフリ 寝たフリ
あけれ〜
ズンズン
ガマン ガマン
あけれ〜
…って言いながら…
あかんっ！
すぐ負ける。
なぜ、どうして、すぐ負けるのだろう。これは単なる「根負け」ではない。「負ける」瞬間のこの切ないカンジ…
これは一体何なのだ!?
そうだ。これはイジワルされているのに全然気づかないで100%の素直さで待ち続けるモンちゃんのいじらしさに負けるのだ。
で、最終的にこう。
イジワルしてゴメンよぉ〜

添い寝3

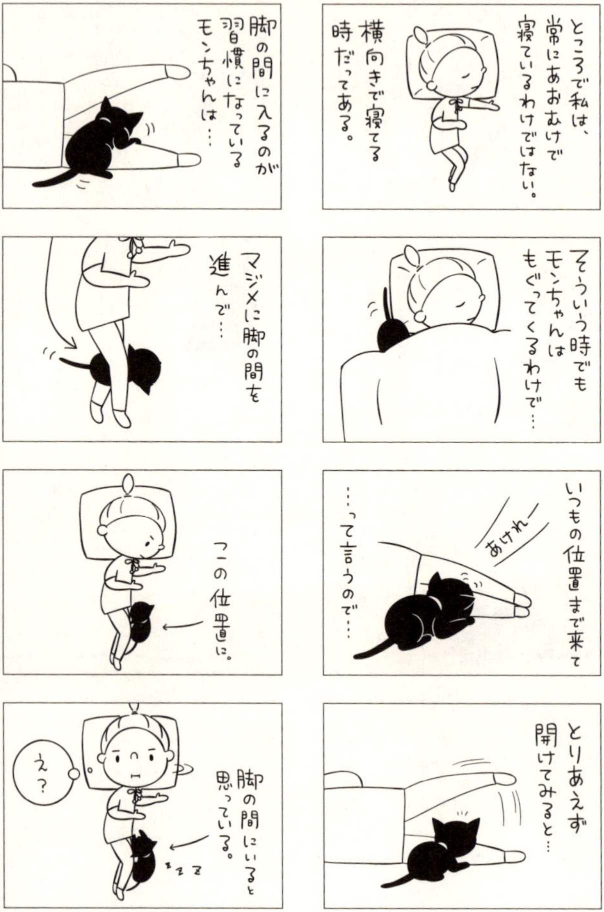
ところで私は、常にあおむけで寝ているわけではない。
横向きで寝てる時だってある。
そういう時でもモンちゃんはもぐってくるわけで…
いつもの位置まで来て
あけれー
…って言うので…
とりあえず開けてみると…
脚の間に入るのが習慣になっているモンちゃんは…
マジメに脚の間を進んで…
この位置に。
脚の間にいると思っている。
え?

添い寝4

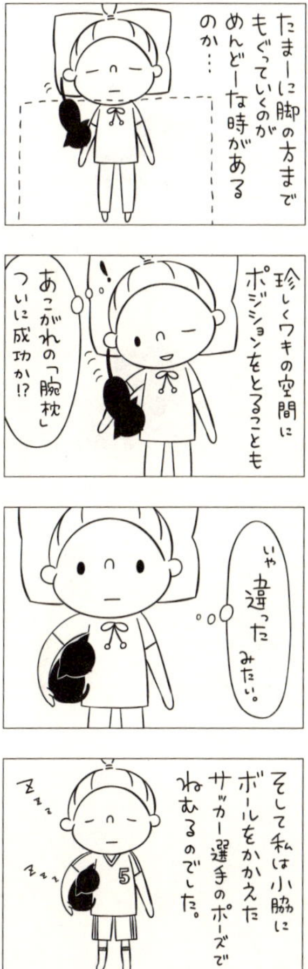
たまーに脚の方まで
もぐっていくのが
めんどーな時がある
のか…
珍しくワキの空間に
ポジションをとることも
あこがれの「腕枕」
ついに成功か!?
いや
違ったみたい。
そして私は小脇に
ボールをかかえた
サッカー選手のポーズで
ねむるのでした。

ネコマニア
ねこのこころ

2分後の気分

はい、モンちゃんゴハンどーぞ。
コトッ
スンスン
プイ…
あれ?
食欲ないのかな…
―約2分後―
ハムハムハム
ハムハムハム
ハムハム…
ハムハム
その2分は何なのや?

友好のキモチ

ふんふんふーーーん♪
あ、ネコ。
ネコちゃんに友好のキモチを伝えるには、
ゆーっくり静かにまばたきしましょう。
決して目を見開いてガン見してはいけません。
ネコちゃんは敵意だと感じてしまいます。
って聞いたことがある。
よし、やってみる。
ゆーーーっくり目をとじ…
そして、ゆーーーっくり開け…
チラ…
あれ!? おらんがな。

ヒュー・・・

最後まで見ててくれるとは限らんのな。
カー
カー

冷血人間

動物モノには…
ジロとタロ
ブタと小学生
Noooo!
めっぽう
エルザは野生
これでよかった
これでよかった
これで…
ブツブツ…
弱いくせに…
泣きだおれ
うわっ
ハナミズの柱がゆかに届いてる!
人間の純愛モノには…
中心も世界もみんな叫ぶ
反応がうすい。
中心も世界もみんな叫ぶ

警戒心

初めて「もぐりベッド」というやつを買いました。
モンちゃん使ってくれるかなー？ドキドキ
いくら人間がよかれと思って買ったものでも、当のネコ本人が警戒したり、気に入らなかったりするとそれは一瞬で「無用のオブジェ」と化すのである。というわけで新グッズを導入する時は人間もドキドキなのである。以上、猫飼いあるあるでした。
わ！何それー!!
ズバーーッ!!
うひゃっ

猫喰い怪獣 モグリン
もしこれが猫喰い怪獣やったら、一番に喰われとるぞキミ。
キャッ キャッ
警戒心なさすぎ。

もぐりベッドのもぐり方

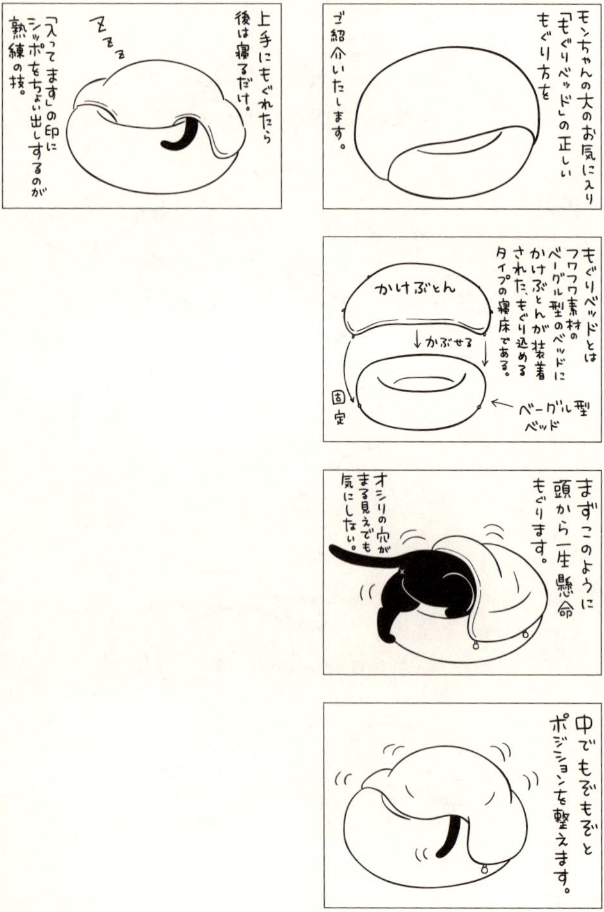
モンちゃんの大のお気に入り「もぐりベッド」の正しいもぐり方を
ご紹介いたします。
もぐりベッドとはフワフワ素材のベーグル型のベッドにかけぶとんが装着された、もぐり込めるタイプの寝床である。
かけぶとん
かぶせる
固定
ベーグル型ベッド
まずこのように頭から一生懸命もぐります。
オシリの穴がまる見えでも気にしない。
中でもぞもぞとポジションを整えます。
上手にもぐれたら後は寝るだけ。
Z z z
「入ってます」の印にシッポをちょい出しするのが熟練の技。

将来1

「アニマルプラネット」観賞中。
WILD BIGCAT
かっこえ――!!
ねぇねぇボク大きくなったらどれになるの？
これか、
どれって？

こーれか、
それともこれかなぁー
だいたいいつごろなれるのかな？
今よりもっとゴハンとかたくさん食べた方がいいかな？
モンちゃんはネコだからずっとネコのままだよ。
え？
え？え？え？
じゃあさじゃあさ
このままのカンジで大きくなるの？
え？
モンちゃんはもう大人だからそれより大きくならないよ。
……。
へ？
え？え？え？

将来2

じゃあさ
じゃあさ
こういうやつもムリってこと?
うん、まあそうだね。
食べものとれなかったらおなかが減って死んじゃわないかなぁ?
モンちゃんのゴハンは私がネットで注文して
宅配便で届くから心配いらないんだよ。
CAT
CAT
・・・・・。
あれ? またなんかプライド キズついた?
?
えへっ
えへへへへへへへ
それはそれでいいんだ・・・。

真顔

ちょいちょいポトーン

やばい。
ケータイがない。
カバンの中にもないし…
クッションの下にも
ソファのスキマにも
洗面所にも
車の中も
どこにもないのよ。マメちゃん、ケータイ鳴らしてみてっ!
ハァハァ…
うんいいよ
しーーーーん

マジでない。
よしっ!!
とりあえず
最近行った
お店とか
探しにいこ!!
フー
疲れた…
あーー
ケータイなくすなんて
めんどくさーー。
ちょいちょい
ん?
呼んだ?

ここだよ
ココ!!
!!
やぁ!!
やっと気づいたネ。
げっ!!
何っ!?
キモチワル…
ちょいちょいポトーンの妖精さん
どえーーす。
ち、な、み、にィー
かぶっているのは
ちっちゃいゴミ箱デーース。
そこは「どえーす」違うんか…
キャラ設定が不安定すぎ。

ちょいちょいちょーーい!!
お待ちなさーい マドモアゼール!!
注目されたーし。
歳上の話は聞くもんじゃに!!
歳上!?
クス クス
クス クス…
せいっ!
へ!?
トーン!!
ズバーン!!
秘伝!
ゴミ箱のフチダンス!!
ちょいちょいっ
あ、ちょいちょいっ
ちょいのちょい!!
…で、何なん?
こっちはケータイなくしてへこんどんねん。
チャンカチャンカ
チャンカチャンカ
写真撮ってもいいヨ。
フェイスブックやってる?
ホラ、今みんなUPするっしょ。
終わったら呼んで。

え?
え?
しーーん
じゅるー
あ…
も…
もしや!?
ガサガサ…

あったがな。
フリフリ
しーーん
妖精さーん ありがとーーう!!
ちょいちょい
ポトーン
ゴンッ!!
いてっ!!
コラー! またオマエかー
それ、ワザとやろー!!

建築家

ブスッ ブスッ
せいっ！ せいっ！
nyamazon.co.jp
nyamazon.co.jp
ゴロゴロ ゴロゴロ ゴロゴロ
ズズズズ…
CAT
nyamazon.co.jp
nyamazon.co.jp
ふっふふ～ん
CAT
nyamazon.co.jp
あ コラー!! チョイチョイすなーっ!!
CAT
nyamazon.co.jp
チョイ チョイ
スンスンもすなてー!!
スン スン
CAT
nyamazon.co.jp

!
あっ!!
CAT
nyamazon.co.jp
グシッ…
CAT
nyamazon.co.jp
あぁ〜…

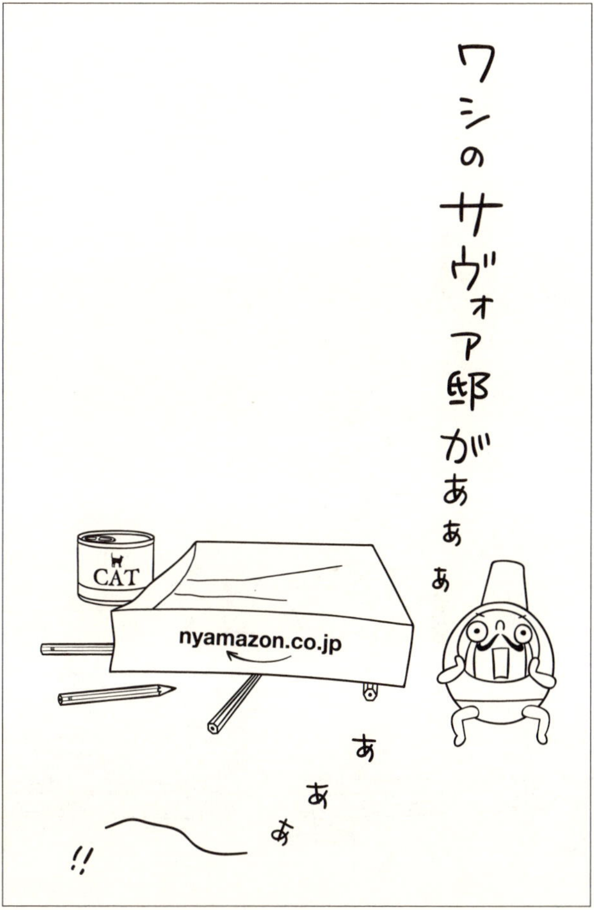
ワシのサヴォア邸があああああ〜!!
CAT
nyamazon.co.jp

おっさん、えんぴつを元に戻しとけよ。
もぉー わかってるって。

KURONEKO

MONROE

将来の夢

広ーい土地に
大ーきな
家を作って
たくさーんの
動物たちと一緒に
暮らすんだぁー。
ヨピゴロウ天国
すばらしい
夢だと
思うけど、
冒頭の
1行目で
つまずき感すごくない？
誰か
くれない
かなぁ
土地とか。
「とか」って
何だよ。

猫で言う

リビングの模様がえをしようと思ってるの。
へぇ いいねぇ どんな風にするの？
フローリングが明るめの茶色だから…あ、猫で言うと茶トラみたいな色ね。
ラグをグレーにして…あ、猫で言うとロシアンブルーみたいなグレーね。
んで、テーブルはね、猫で言うとアビシニアンみたいな茶色ね。
カーテンとソファは猫で言うとラグドールの顔のはじっこくらいのベージュがいいなー。
なぜ猫で言う？

悪夢

モンちゃーん♡
あれっ!?
こっち…
だったかな?
あれっ!!
そっちにも?
あれ? あれ?
モンちゃんどれ?
そうだ!!
モンちゃんはおなかとワキにちょろーっとだけ白い毛があるのが目印なのだ!
ココ
ココ
ココ
…って全員チョロ毛
あるぅ~~!!

どれがモンちゃんか
わからないよぉ〜
たすけてくださ〜〜いっ!!
…っていう夢を時々見るの。
……。
知るか!
チュー

ネコパンチの件

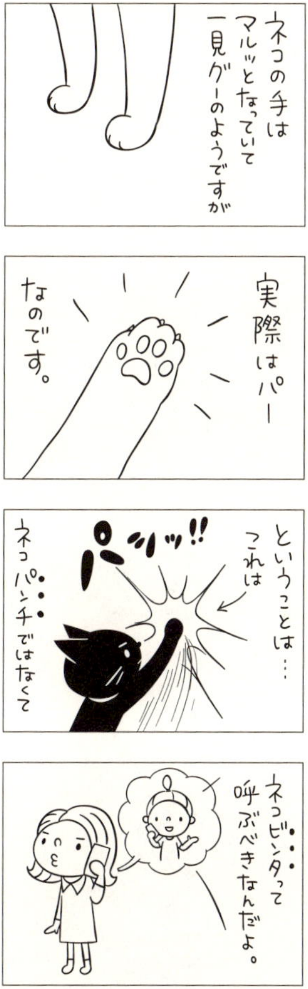
ネコの手はマルッとなっていて一見グーのようですが
実際はパー
なのです。
ということは…これは
パシッ!!
ネコパンチ…ではなくて
ネコビンタって呼ぶべきなんだよ。

え?
そのこと言うために
わざわざ
電話してきたの?
あ、ゴメンゴメン!!
じゃあ切るね。
バイバーイ♪
プチッ
うん
バイバイ。
……。
しーん
ピロピロリーン♪
You got a MAIL
From ヨッピー
ネコパンチの件
限りなく
グーに近い
パー。
じゃ、また。
わざわざ
メールで!?
しかも
村上龍式…

KURONEKO MONROE

井山川はるかさん1

モンちゃーん、井山川はるかさんのBBBアース始まるよー！
はよおいでー
見る見るー
こんにちは。井山川はるかです。
今日の「はるかなる大自然」は、
キリンのドマジ決闘をご覧下さい。

キラキラ
キラキラ

ア゛ーッ!!
ガシッ!!

nyamazon.co.jp

いかがでしたか？
井山川はるかの
「はるかなる大自然」
次回も
お楽しみに！
すごかったね
モンちゃん！
一回でいいから
この目で
見てみたいよねー！
うんっ！
一回でいいから
会ってみたい。
井山川はるかさん！
あ、
そっちな。
？

井山川はるかさん2

いかがでしたか？
井山川はるかの
「はるかなる大自然」
さて
来週は
現生種最大の
げっ歯《し》類…
カピバラを
ご紹介します。
ぬ〜ん
お楽しみに！
げっ歯!!

クララさんと話そう

動物と話せる人
クララさん
クララさんは動物から伝わってくるイメージを受けとり、会話ができるという特殊な能力の持ち主なのであーる。
モンロヲくん、何か言いたいことがあったら、私に聞かせてちょうだい。
あのね、ヨッピーの寝っぺ、すごいくさい！
……。
え？終わり？
うん！
……。
ハッ
今の、聞こえてた？

いいえ ぜんぜーーんっ!!
どっち見てんだよ。
じゃ、言いますよ?
あ、いえ もういいでーす。
聞こえてんじゃん。

KURONEKO
MONROE

＊戦争＊

もぐもぐ
やっぱしはらはらドーナツうまいわあ。
あ、ネコ…
そっかあ…この辺でゴハンもらってるんだ。ノラもああやってゴハンもらえたらラッキーだな…
ビクッ
ちょっと!! ゴラッ!! おばはんっっ!
ネコにエサやるのやめてくれるかなー
困るんよもう! ネコが次から次へと増えてからに… ネズミ算ならぬネコ算やっちゅうのっ
おかげでワシんとこの植込みがションベンくさくて大メーワクしとんのよ!
ビクッ!!
ほら見ててみ…

これから…
モグモグ
げっ！こーわっ…
パンクス？
戦争が…始まりますよ。
誰？
ビクッ
うるさいっちゅうねんっ!!
ほらほら、始まりましたよ！
え？え？どうゆうこと!?
！
男のくせに植込み植込みって！
カラーン
まさかの反撃!?
そぉーんなに植込みが大事やったら、
家の中に植込み作りなはれな!!

え?
家の…?
中に!?
お…
おしゃれなインテリアグリーンかっ!!
なんやそれ…
だいたい「おばはん」って何やの?
子供の時は「えっちゃん、えっちゃん」ゆーて、
「ボク、大人になったらえっちゃんをお嫁さんにするー」
うわっ またその話っ!
とおっしゃっていたのはどちらのどなたさんでしたでしょう――かっ?

あのおっさんとおばはん、「てっちゃん」と「えっちゃん」つって、幼なじみなんスよ。
は、はぁ…
話をすりかえなさんなーっ!!
ピクッ
そんな昔の話持ち出すなんてズルイっ! 今は、えっちゃんがネコにエサをやるから、近所のみんながメーワクしてるっちゅう話ですぅ!!
ですぅ~!!
ですぅ ですぅ~
パーマで押すな!
ムギュッ
ほなナニか? てっちゃんは、このコらが食べるもんがなくて、飢えて路頭に迷ってもいいっちゅうんやね!?
へぇ――!
みなさーん!!
この男は鬼ですよぉっ
鬼!
このいたいけな小さき命を見殺しにせぇとゆーてまーす。
命よりも己の植込みの方が大事やとゆーてまーすっ!

みっ…見殺しにしていいなんてゆーてないやろっ!
ね、戦争っしょ。
髪形 マネせんといてくれる?
は、はい…
ほな、ちょっとネコにエサをやったぐらいでやいやい言いなさんな——!!
ワシのは 天パやから ワシのが 先ですぅー
ネコ戦争ですね…
もおー!でかい声出すなーーっ!!
いや…
はじめにでかい声を出したのはどっちやー!?
ズイッ
「みんな パーマ戦争 ブロッコリーVS.カリフラワー」って呼んでます。
ブーッ…

＊神父ソン＊

おやおや
また２人で
ケンカですか？
町内中に
響き渡ってますぞよ。
来たっ！
神父ソン。
神父ソンって…
神父ソンが仲裁に入る
ことで、パーマ戦争は
ギリギリ収まるんスよ。
はいはい
へえー
キョーレツなパーマに
挟まれて神父ソン
気の毒ー。
なるほど…
板ばさみ
なんですねぇ…
近所の小学生が、
パーマサンド
って言ってます。
ブー

※告げる※

ゴン
ゴンゴン
ゴンゴン
ゴンゴン
これでよしと。
ネコにエサをやるな!!
えっちゃんには口ではかなわんからな…。視覚で訴え作戦じゃ。
俺様のDIYクオリティを思い知るがいいわ。
グッジョブ俺!
ネコにエサをやるな!!
ネコにエサをやるな!!
ネコにエサをやるな!!
……。
ネコにエサをやるな!!

チュンチュン
次の朝…
神にエサをやるな
?
……。
ダーンッ!!
神にエサをやるな!!

✳ TNR ✳

例のノラネコ問題ですが、園児のママさんにネコに詳しい方がいてですな、相談してみたところ…
「TNR」という方法があるそうです。
え？ TRF？
Boy meets girl―♪
ちが―――う!!
T《ティー》・N《エヌ》・R《アール》!!
え!? TMN？
Get wild and tough―!
ちが―――う!! 小室ファミリーカンケーなーーし！
URL？
TPP？
もおーー!! マジメに聞けーー!!
十字架ビーム

邪悪なサタンよ去れー!!
えぇー…!?
なーんちゃって
神父のエクソシストギャグでしたぁー。
なんだウソかぁー
もぉービックリしたぁ
しばいたろか。
TNRというのは…
Ⓣ RAP(トラップ)
つかまえて、
Ⓝ euter(ニューター)
ANIMAL HOSPITAL
不妊手術をして…
Ⓡ eturn(リターン)
元の場所へ帰す。
…という方法。

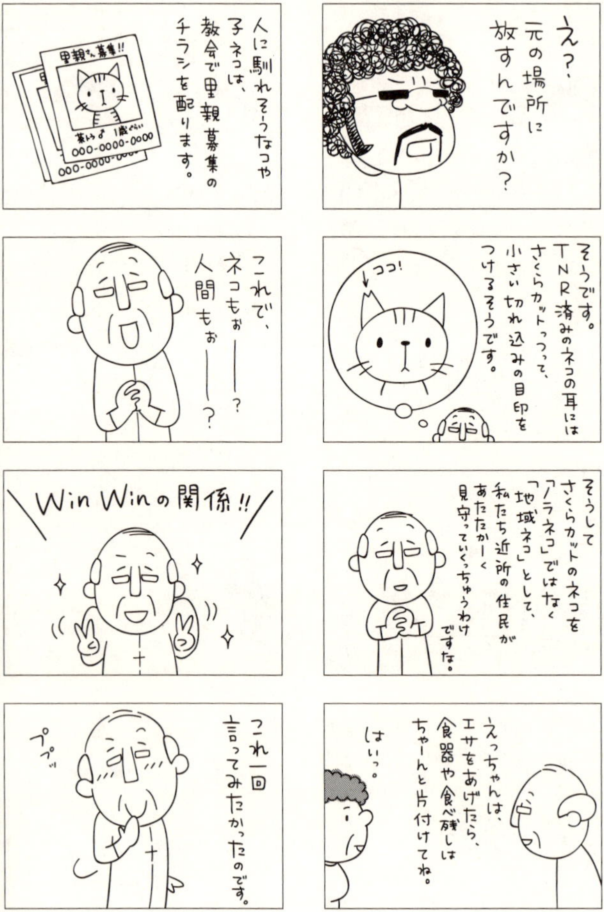

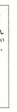

え？元の場所に放すんですか？
そうです。TNR済みのネコの耳にはさくらカットっつって、小さい切れ込みの目印をつけるそうです。
ココ!
そうしてさくらカットのネコを「ノラネコ」ではなく「地域ネコ」として、私たち近所の住民があたたかーく見守っていくっちゅうわけですな。
えっちゃんは、エサをあげたら、食器や食べ残しはちゃーんと片付けてね。
はいっ。
人に馴れそうなコや子ネコは、教会で里親募集のチラシを配ります。
里親さん募集!!
茶トラ♂ 1歳ぐらい
000-0000-0000
000-0000-0000
これで、ネコもぉーー？人間もぉーー？
Win Winの関係!!
これ一回言ってみたかったのです。
ププッ

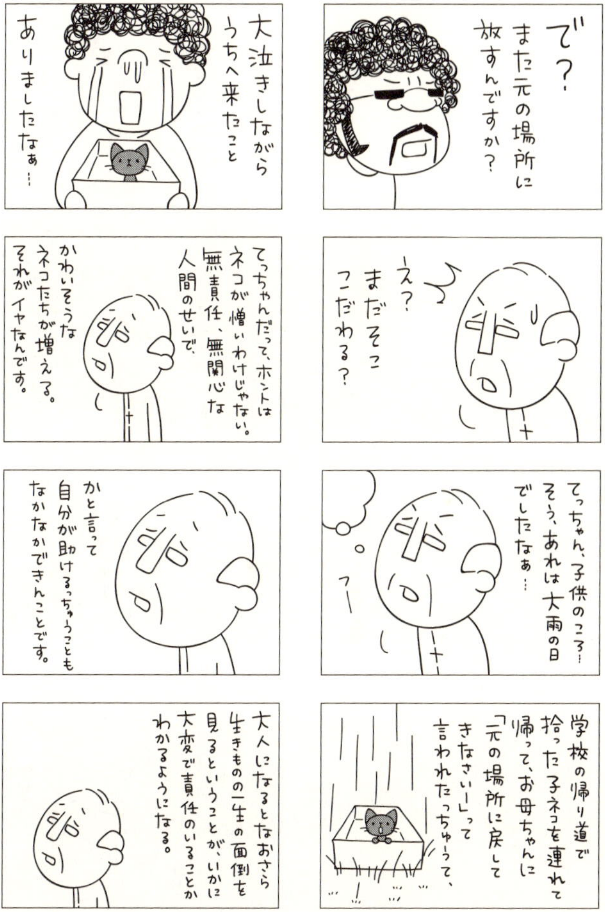
で？
また元の場所に放すんですか？
え？
まだそこ
こだわる？
てっちゃん、子供のころ…
そう、あれは大雨の日でしたなぁ…
学校の帰り道で拾った子ネコを連れて帰って、お母ちゃんに「元の場所に戻してきなさいー」って言われたっちゅうて、
大泣きしながらうちへ来たことありましたなぁ…
てっちゃんだって、ホントはネコが憎いわけじゃない。無責任、無関心な人間のせいで、
かわいそうなネコたちが増える。それがイヤなんです。
かと言って自分が助けるっちゅうこともなかなかできんことです。
大人になるとなおさら生きものの一生の面倒を見るということが、いかに大変で責任のいることかわかるようになる。

だからこそ、
「かわいそうだから」
と言って拾って帰る子供から、
今度は
「元に戻してきなさい」
って言う親の立場に
変わっていかざるを得ん
というわけですなぁ……
なぁ
てっちゃん…
ここは ひとつ…
あっれ？
どこ行った？
？
泣きながら
帰っていきましたよ。
マジで？
おーい
オバハンってば
オバハン
メシくれー

✳ お名前は？ ✳

もぐもぐ
もぐもぐ
あ、今日もモヒカン君いる。
ちらー
あれからここでちょいちょい会うけど…
ちらー
よーし
よしよしよし
にゃー
にゃーー
見かけほど恐い人じゃないっぽいし…こっちから話しかけてみたりして？
ちらっ
あ、ボク今日はきなこっス。
！
（これでしょ？）
え？
あ？
あぁっ！
ワタス…あワタシ
抹茶あずきっ
です。

もぐもぐ
ビックリしたー チラ見しすぎたー
しかし… きなこもうまいけど 結局は…
名前くらい 聞いてみても いいかナ?
プレーンに 戻ってしまう のよなぁー
いやいや、名前は 急すぎやて。
やっぱし うまいもんは 基本に戻る っちゅうこと かなー…
ムムー
やばい。怪訝な 顔してる。
何でも 基本やな…
初めは たわいないトーク から入ってと… うん それがオトナって もんでしょ。 いきなり名前って 小学生かっ!
バ…
バンドとか やってるん ですか? もしかして?
あ、はい。
なんで わかったんスか?

質問はダイジョーブっぽい。
あ、見たらわかるか…。
パンクバンドやってるんスよ。
へぇー
意外に答えてくれるようだ。
……
しーーーーーん
あ、終わってしまった…
あ、あの…お
名《お》前は何と？
え？あ、
KILL《キル》です。
なぬ？

？
バンド名を答えました。
氏名を尋ねました。
キルデス
ってか？
KILLDEATH
ってか？
やっぱり、KILLってベタすぎるよなぁ…
反対すりゃよかったなぁ…
「デス」まで名前に含まれてしまっている。
いろいろ間違っている。
えへ
共通
（ま、いっか）
えへ

✳ パーマのおっさん ✳

ありがとうございましたー。
ポッ
はらはら
ドーナツ
はらはらドーナツ
OPEN
ふんふーーん♪
あ、キルデスくん!
あ、どもっ
こんにちはー。
となり、いいですか?
どぞ
ところであのパーマ戦争、その後どうなったんでしょうね?
あ、あれね、かくかくしかじか
ふんふん

ーってわけで、この辺のネコは平和にやっていけるみたいッスよ。
へぇー それはよかったですねぇ！
にしてもこの辺の事情よく知ってるんですね。
誰に聞いたんですか？
あ、あのパーマのおっさん…
ブー
ブー
オレのおやじ。
ブー

KURONEKO

MONROE

サビネコ　サビコ1

チラ…
じぃーーー
お風呂入ったら？
汚れてんじゃないでちよ！

サビネコ　サビコ2

だいたい「サビネコ」ってネーミングが失敬よね。
サビてないっちゅうの。
それじゃなくても「ボロ雑巾」とか「洗ってない毛布」とか失礼しちゃうでち。
じゃあお風呂入っ…
だから汚れてんじゃねーって！

サビ猫大作戦

あーあ
空前のサビ猫ブームとか
来ないかなぁーー
!
ボク、すっごくいいこと思いついた。
?
ジャーーン!!
サビネコの新しい呼び方
大募集!!
もうサビてるなんて言わせニャイ。
「ブーム」はネーミングが命です。
これでヨシ。
サビネコの新しい呼び方
大募集
わぁ!!
いっぱい来たね サビコちゃん!
う、うん。
どれどれ…
新しい呼び方
「ドロニャン」
(ひこにゃんっぽく)
……。
ロックフェスの落とし物のタオル
ドロだらけの天使
バーベQしてて話に夢中になった時、最後まで はしっこに残っちゃったやつ。
こげパンニャン

選考会

…………。
どれにす…
しないっつーの!!
泥だもの
ドロドロ
ニャンこげ
甘栗こげちゃいました
三年目のぞうきん
刑事ドロンコ
柄がカオスボタン
汚れん坊将軍
サビる前に
飲む!!
TOKYO サビリンピック 2020
ププッ…
今笑ったよね？
どれで笑ったんよ。
笑ってませんよ。

でろでろ

でろでろでろ～
でろでろでろでろでろでろでろでろでろでろでろでろでろでろでろでろでろでろ
はいはいもう終わりね。
……。
でろ
はいはい。
終わり終わり…
でろーーん
ムギュー
おわり！

チワワ　未知との遭遇1

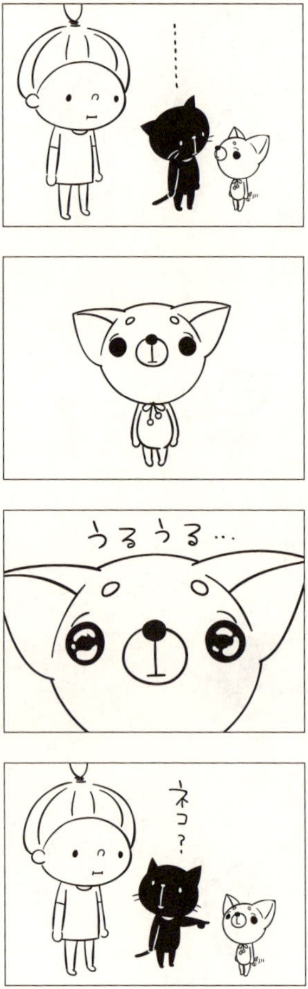

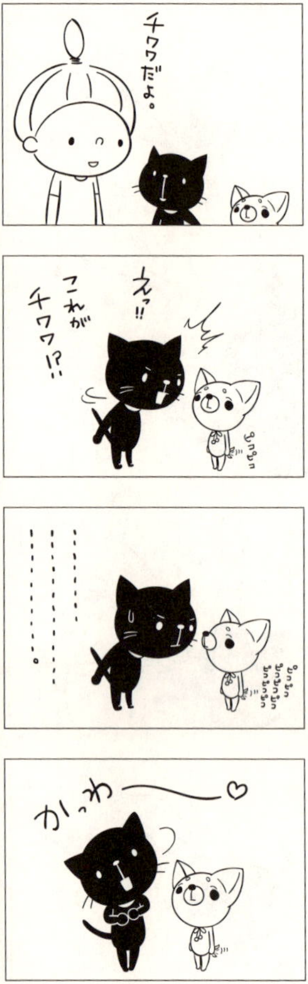

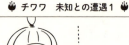

チワワ　未知との遭遇2

!
うる…
チクワとぜんぜん似てない!
モンちゃん、チクワとチワワはもともとカンケーないんだよ。いったんチクワから離れようか。
離れた?
うん離れた。
ところでキミお名前は?
チクワ。

ややこしな。

ゆかいな挿絵のコーナー

うるうる

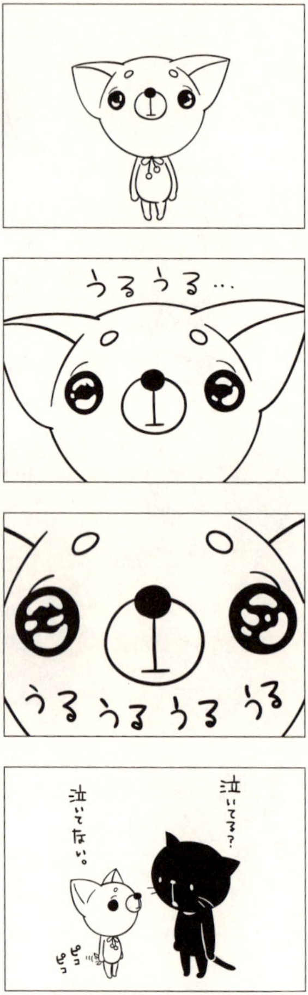

チワワ　道での遭遇

あいさつ

連れてきた

連れてこないで

バイバイ

ムギュー

はいはい…
ムギュー
はい。
ムギュー
ちっさ!
ムギュー
ね!
うんっ
うんっ
はいはい
今度こそ
帰ってね。
なんで?・
えっ!
・・・・。
迷惑だから。
!
!
!

とぼとぼ

メーワク

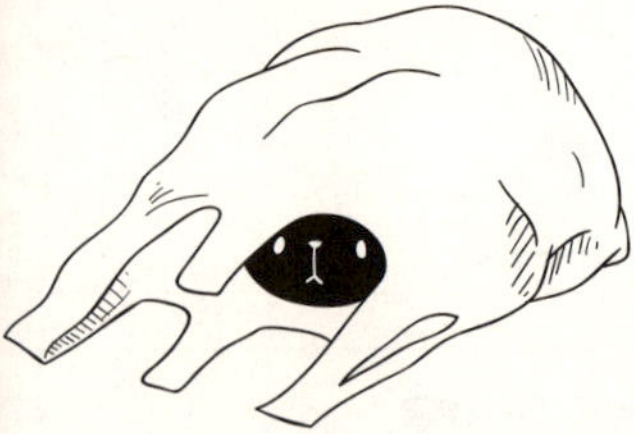

うっかりした

気をつけた

両方持ちたい

困る。

一人旅

はぁー……
いつまで待っても
サビ猫ブームなんか
ぜんぜん
来ないでち
じゃんか。
もぉ
待ちきれ
ないでちよ。
こーうなりゃ
一人旅に出るでち。
みなさん、サビコちゃんを
探さないでくでちんね。
とぼとぼ…
あ、サビコちゃん!
どこ行くのん?
一人旅に
行くでちよ。
わ!
ボクも
行くっ!!
……
いいよ。

一人旅の仲間

てくてく
てくてく
おっす！
あ！
ずんぐり茶トラの
ずんぐりくん！
2人で
どこ行くのん？
一人旅に
行くのでち
え…
ええなー!!
行く？
行くー!!

一人旅の仲間たち

てくてく
てくてく
のしのし
やあ。
あ！こけし顔のシチサンくん!!
あれー？3人でどこ行くのん？
!
一人旅に行くのん!!
え!?
3人で一人旅!?
うん。
ええなー!!
行く？
行くっ!!

気づいた

ヅラオ

哲学

ぞろ ぞろ ぞろ ぞろ
ぞろ ぞろ ぞろ ぞろ ぞろ
ブルおじさん！
あ！
ブルおじさんだ！
ブタ‥
ブルおじさん！
ブルおじさん！
やあ
1人あやしいのがいたな。
ところで今日はみんなして遠足かい？
ちがうよ一人旅だよ。
一人旅ってのは1人で行くから一人旅って言うんだよ？
これは、みんながいるから「みんな旅」じゃないかい？
みんながみんなだと思えば
みんな旅だし、

一人一人が
1人だと思えば
一人旅だよ。
気ィつけてなー
行ってきまーーす。

ネコ科…
まじシュール。

履く

さてと…
そろそろ
メシでも 食うかなー
な？
…ズズズ
ズズズズ…
…ズズズ
ズズズズ…
チクワを？
履いて？
いる!?
ズズズズズ…
こんにちくわ。
!
ついに
チクワを
同時に2本
持つ方法を
発明。
ズズズ
ズズズ

シュールなのは…
ネコだけとは限らんのな。

キジシロー兄さん1　旅の行き先

そーう！
それでいいのさ！
行き先を
決めちまったら、
ゴールばっかし気になって、
今、自分が旅の途中
だってことを忘れちまう
からな。
ジャラーーン…

♪
地図なんていらないさ
ニオイでわかるさ
カーナビなんていらないさ
車は持ってないさ
行き先なんて決めなくていいさ
着いた所がそこなのさ

キジシロー兄さん2　カバンの中身

ところで、サビコベイベーが持っているのは何だい？
これはカバンでちよ。
ほーう。中身は何だい？
？？？
え？
ナカミって？
ってゆーかカバンって何？
え？何？
ナカミとは？
ざわ
ざわ
ざわ
カバンってのは、中にいろいろ入れていっぺんに運べる便利グッズさ。
…ってゆーか！もともとそうやって使う目的で作られたものなんだよ。
へえ――。

でも
そんなんしたら
重くなるから
イヤでちよ。
そーーう!!
それでいいのさ！
！ ！ ！ ！
ワン トゥー
スリー フォー!!
トンッ トンッ

♪
カバンにモノが入っているなんて
誰が決めたんだい？
カバンだって
生まれた時はカラッポだろう？
それがカバンの姿だろう？
中身が入ってて当たり前だなんて
誰が決めたんだい？
じゃまな荷物なんて
捨てちまえばいいのさ
生まれた時はカラッポだろう？

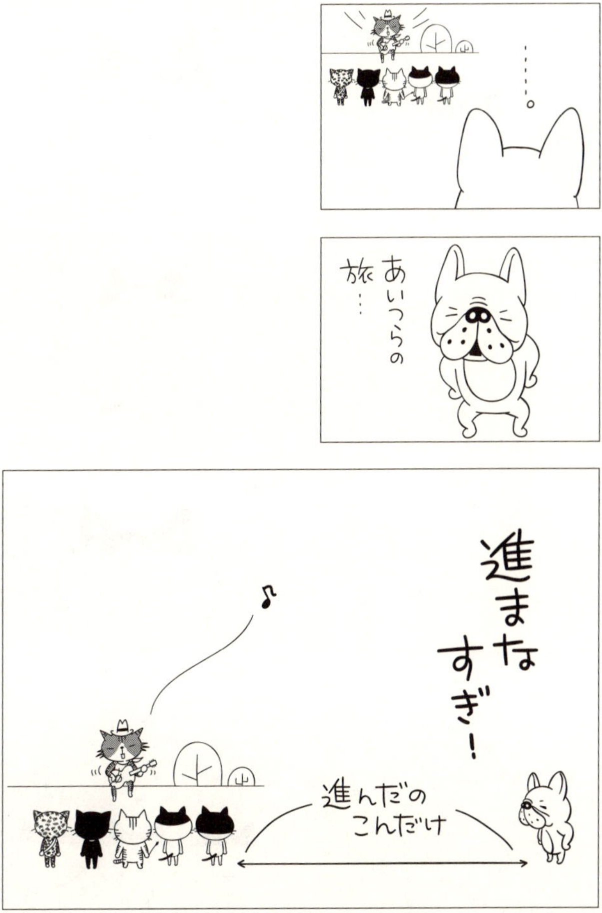
……。
あいつらの旅……
進まなすぎ!
進んだのこんだけ

兄弟

KURONEKO

MONROE

❋ 流れ星の夜 ❋

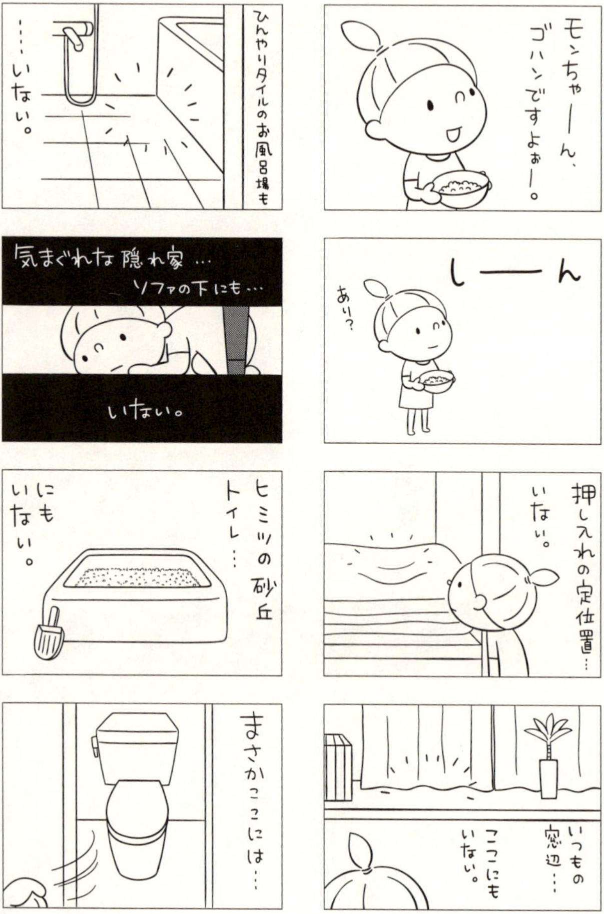
モンちゃーん、
ゴハンですよぉー。
しーん
あり?
押し入れの定位置…
いない。
いつもの窓辺…
ここにもいない。
ひんやりタイルのお風呂場も
…いない。
気まぐれな隠れ家…
ソファの下にも…
いない。
ヒミツの砂丘トイレ…
にもいない。
まさかここには…

!!
あかーーん!!
モンちゃん、
外!?
探しに行かねばっ!!
バーーン
モンちゃん!?
モンちゃん?
モンちゃん、どこ?
〜♪
ジャラ
ジャラ
おう!どないしたんや?汁がすごいぞ。
あ!キルデスくんっ

モンちゃんぐわ
いなく
なたーっ
モンちゃーん
モンちゃーん？
モンちゃーん？
モンちゃん？
ふぅ…
モンちゃん、
どこにいるん…？
探しています
…
迷子
不明
空腹
事故
…たー

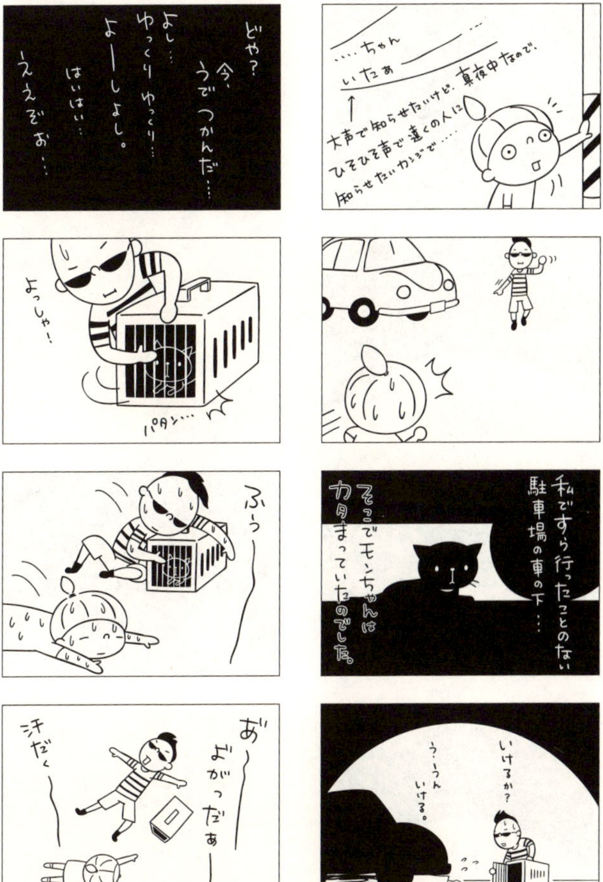

……ちゃん
いたぁ……
大声で知らせたいけど、真夜中なので、ひそひそ声で遠くの人に知らせたいカンジで……
私ですら行ったことのない駐車場の車の下…
そこでモンちゃんは丸まっていたのでした。
いけるか?
う～うん いける。
どや? 今、うでつかんだ…
よし… ゆっくり ゆっくり…
はいはい…
よーしよし。
ええぞぉ…
よっしゃ!
パタン…
ふう～
あ～ よがっだぁ～
汗だく

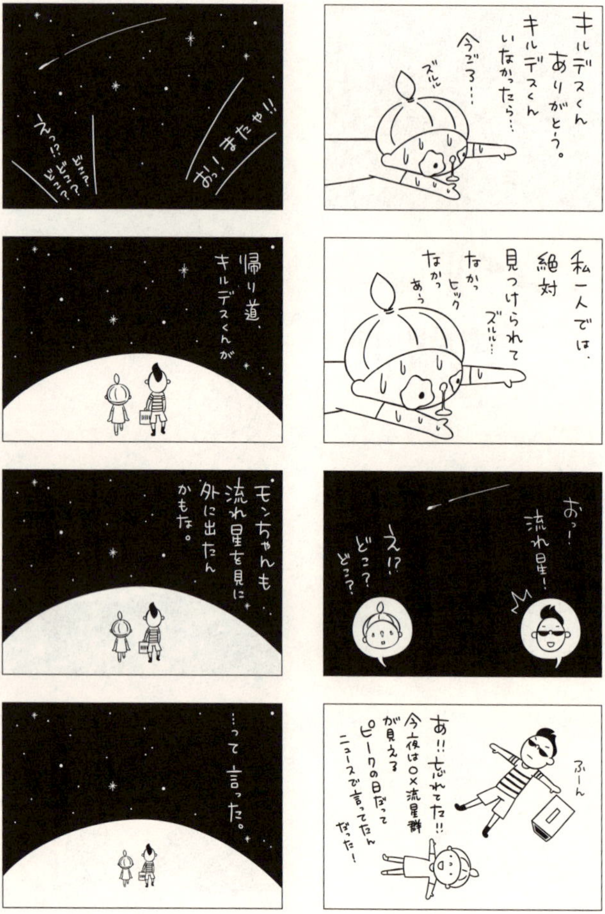
キルデスくん ありがとう。
キルデスくん いなかったら…
今ごろ…
ズルル
私一人では、絶対 見つけられて なかっ
ヒック
なかっ
あう
ズルル…
おっ! 流れ星!
え!? どこ? どこ?
あ!! 忘れてた!! 今夜は○×流星群が見えるピークの日だってニュースで言ってたんだった!
ふーん
おっ! またや!!
えっ!? どこ? どこ? どこ?
帰り道、キルデスくんが
モンちゃんも流れ星を見に外に出たんかもな。
…って言った。

はい
ありがと。
ほな。
ありがとー。
おやすみなさーい。
あれ?
キルデスくん、パンクズボンのヒモは?
さっきまで
今
もはや
バミューダ?
パンクズボンの
ヒモ
正しくはボンデージパンツ(ボンパン)っていいます。
え? ああ、モンちゃん探してる時
ジャマやから
ちぎって捨てたった。
パ…

パンク!!

はぁー
ただいまー
一時はどうなるかと思ったよぉ…。
ビビったでしかし…
テテテテ
改めて安堵感をかみしめ中。
フゥーー
ぺろぺろ
あ、そだ、モンちゃん、
流れ星見ようね。

シャー
ピョン
見えるかなあ？
流れ星って…
見よう見ようとしている間は
なかなか見れないもんで…

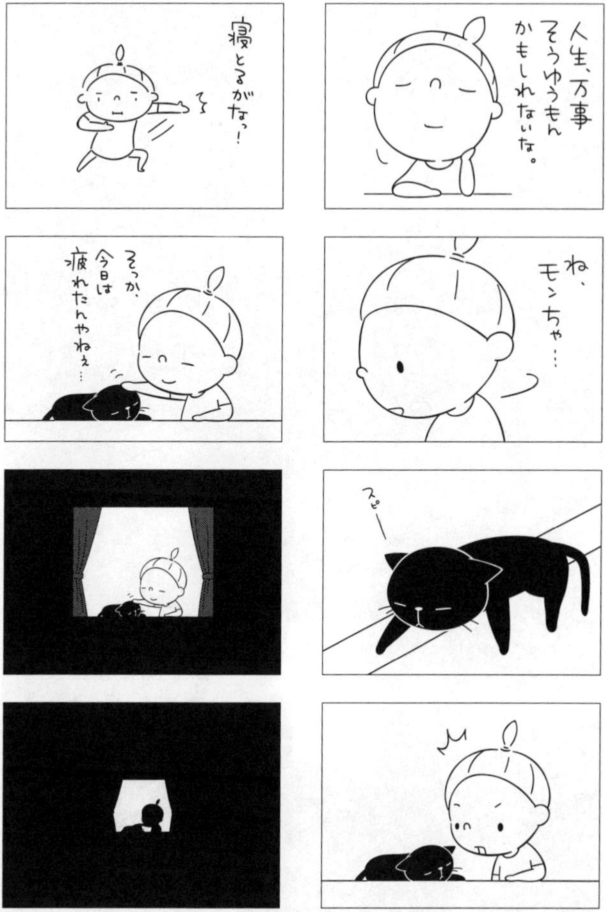
人生、万事
そうゆうもん
かもしれないな。
ね、
モンちゃ…
スピー
寝とるがなっ！
そっか、
今日は
疲れたんやねぇ…

おやすみ
モンちゃん。

解説

町田康

道に立っていたら向こうから歩いてきた人が突然、殴りかかってきて、数発殴った後、「ひどい目にあったー」と叫びながら少し離れたところまで行き、乱れた衣服や髪を整え、それから何事もなかったかのように去って行った。或いは。

レストランに入ったら先客が既に食事をしていた。私はその人の顔や肘を頭でグイグイ押した。その人は嫌な気持ちになって席を立った。そこで私は席に座ってその料理を食べた。或いは。

ホテルのロビーに大きな壺が置いてあり花が活けてあった。向こうから来た人がそれを押し倒した。壺が割れ、あたりは水浸しになった。従業員が飛んできてなにか言うのを無視して、その人はラウンジの方に行き、置いてあったピアノのうえに飛び乗って足踏みを始めた。見ているうちに自分もやりたくなったので行って足踏みした。なんて文章を読んだら人は、「なんでだー」と思うに違いない。なぜならそんなことをするにはそれ相応の理由があるに違いないと信じるからで、理由もなしに知らない人に殴りかかることはないだろうし、理由もなしに人の食事を奪うことはないだろうし、理由もなしに高価な花瓶をわざと割るようなことはしないと誰もが思っている。

けれども、芥川龍之介が「藪の中」に書いたように真実は誰にもわからず、そうと認定された事実らしきものだけだし、新聞を読んでも、「ムシャクシャしてやった」「飯がほしい気持ちを抑えきれなかった」「ホテルを恨んでいた。ホテルならどこでもよかった」なんておなじみの文字が並ぶばかりで、多くの場合、それも判然とせず、人々の中にモヤモヤしたものが残る。

そこで登場するのが、そう、小説家である。小説家は物語を拵《こしら》えてこの「なぜ?」に対する答えを用意する。なぜ男は殴ったのか。なぜ彼は殴られなければならなかったのか。八年前、スルメ山公園の売店でなにがあったのか。そして男の母の初恋の相手こそが……。衝撃の事実が明らかになる。現場に落ちていた『リルケ詩集』。そしてその傍らにそっと置かれた冷凍餃子。ツンドラ地帯買収をめぐるどす黒い疑惑。といったようなことを組み合わせて問いに対する答えを明らかにする。

このことから知れるように、人間が起きたことに対して、なぜ？　という気持ちを抑えきれない限り物語は作られ続ける。そしてその、なぜ？　という思いは自分に近ければ近いほど切実なものとなる。愛する人が自分から去って行ったとき、なんで？　と思う。莫大な税金を払うときも、なんで？　と思う。或いは、地震や大水で家や田畑を失ったときも、思わず叫ぶ。そして、他ならぬ自分が死を悟ったときもおそらく、なぜだー、死ぬとわかってなぜ生きるのだー、と叫ぶだろう。

蓋《けだ》し文学とは、そして宗教とは、それに対するとりあえずの、当面の、それらしい答えを用意することであった。けれどもそれは言うように当面の答えに過ぎず、一瞬は、そうかー、と深く頷いたところでじきに、でもなんで？　と思ってしまう。なので物語は作られ続け、ときに物語と物語が齟齬《そご》をきたして争いになる。ところが。

この物語から完全に免れているものが私たちの身近にいる。身近にいて腹の上に乗ってきて腹部を圧迫したり、マットレスの表面を切り裂いて中の詰め物を撒き散らしたり、キーボードを爪で引っ掛けて除去することによって作家の文章力を極端に低下させるなどしている。というのはそう、猫である。

冒頭で書いたことはすべて猫がすることで、しかしそう断らずに書いたから人は、なぜだ、と思った。しかしこれを猫だと最初から断っていたらどうだっただろうか。おそらく誰も、少なくとも猫を飼っている人なら相好を崩して、サモアリナン、と納得、理由など問わないだろう。

ということは猫を中心として物語を紡ぐということは、なぜ？ という問いなしに物語を紡ぐということで、でも右に説明した通り、物語を紡ぐためには、なぜ？ が不可欠で、ということは、猫をめぐった物語を紡ぐのは不可能ということになる。ところが。

この『黒猫モンロヲ』（文庫版タイトルは『黒猫モンロヲ、モフモフなやつ』）はその不可能を可能にした。ここで描かれるのは、どこまでいっても、なぜ？ のない世界である。

それは物語の常識から考えれば読者にモヤモヤしたものを残すはずである。ところが私はこれを、「そうだ、その通りだ」「間違いない」「まったくその通りだ。私も以前からそう思っていた。思っていて言葉で表現できないでいた。よくぞこれを表してくれた」と、いちいち頷きながら読んでいた。そうかあっ、と、手を打ち、膝も叩いた。頷きすぎて頸椎《けいつい》を捻挫した。打ちすぎて手の皮が破れて血が流れ、叩きすぎて膝が完全に砕けた。というのはまあ嘘だが、それくらい共感を覚えたのは事実である。

本書に猫たちがみんなで一人旅をする場面がある。というと私たちはすぐ、みんなで一人旅？　なぜだ？　と思うが、その問いからも自由な猫たちはみんなで一人旅をしている。それについての猫は抱腹絶倒の見解を私たちに示してくれるが、そこから、「猫にとってカバンとはなにか」という問いが提出され、猫たちが討議する。

そのとき、キジシローという帽子をかぶった猫がギターを弾きつつ歌った歌に、私は圧倒的なフリーダム、ということを知り、心の底から湧き上がるような感動を覚えた。

なぜ？　に縛られない猫の自由をできれば手にしたい。けれどもできないのが人間の因果。だから私は今日も、この、なにからも自由なモンロヲの物語を読む。その間だけは私たちも自由。ありがたいことだ。

——作家

この作品は二〇一五年四月小社より刊行された
『黒猫モンロヲ』を改題したものです。

JASRAC 出 1801905-801

幻冬舎文庫

●最新刊
明日の子供たち
有川　浩

児童養護施設で働き始めて早々、三田村慎平は壁にぶつかる。16歳の奏子が慎平にだけ心を固く閉ざしてしまったのだ。想いがつらなり響く時、昨日と違う明日がやってくる。ドラマティック長篇。

●最新刊
男の粋な生き方
石原慎太郎

仕事、女、金、酒、挫折と再起、生と死……。文壇と政界の第一線を走り続けてきた著者が、自らの体験を赤裸々に語りながら綴る普遍のダンディズム。豊かな人生を切り開くための全二十八章！

●最新刊
勝ちきる頭脳
井山裕太

12歳でプロになり、数々の記録を塗り替えてきた天才囲碁棋士・井山裕太。前人未到の七冠再制覇を成し遂げた稀代の棋士が、〝読み〟〝直感〟〝最善〟など、勝ち続けるための全思考を明かす。

●最新刊
鈍足バンザイ！
僕は足が遅かったからこそ、今がある。
岡崎慎司

足が遅い。背も低い。テクニックもない。だからこそ、一心不乱に努力した。日本代表の中心選手となり、2015-16シーズンには、奇跡のプレミアリーグ優勝を達成した岡崎慎司選手の信念とは？

●最新刊
わたしの容れもの
角田光代

人間ドックの結果で話が弾むようになる、中年という年頃。老いの兆しを思わず嬉々と話すのは、変化とはおもしろいことだから。劣化した自分だって新しい自分。共感必至のエッセイ集。

●最新刊
キズナ
松本利夫　EXILE ÜSA　EXILE MAKIDAI

EXILEのパフォーマーを卒業した松本利夫、ÜSA、MAKIDAIが三者三様の立場で明かすEXILE誕生秘話。友情、葛藤、努力、挫折。夢を叶えた裏にあった知られざる真実の物語。

●最新刊
海は見えるか
真山　仁

大震災から一年以上経過しても復興は進まず、被災者は厳しい現実に直面していた。だが阪神・淡路大震災で妻子を失った教師がいる小学校では希望が……。生き抜く勇気を描く珠玉の連作短篇！

●最新刊
101%のプライド
村田諒太

ロンドン五輪で金メダルを獲得後プロに転向、世界ミドル級王者となった村田諒太。常に定説を疑い「考える」力を身に付けて日本人初の〝金メダリスト世界王者〟になった男の勝利哲学。

●最新刊
貴族と奴隷
山田悠介

「貴族の命令は絶対！」――30人の中学生に課された「貴族と奴隷」という名の残酷な実験。劣悪な環境の中、仲間同士の暴力、裏切り、虐待が繰り返されるが、盲目の少年・伸也は最後まで戦う！

●最新刊
北京でいただきます、四川でごちそうさま。
四大中華と絶品料理を巡る旅
吉田友和

中国四大料理を制覇しつつ、珍料理にも舌鼓を打つ。突っ込みドコロはあるけど、一昔前のイメージを覆すほど進化した姿がそこにあった。弾丸日程でも大丈夫、胃袋を摑まれること間違いなし！

黒《くろ》猫《ねこ》モンロヲ、モフモフなやつ

ヨシヤス

平成30年4月10日　初版発行

発行人――石原正康
編集人――袖山満一子
発行所――株式会社幻冬舎
〒151-0051東京都渋谷区千駄ヶ谷4-9-7
電話　03(5411)6222(営業)
　　　03(5411)6211(編集)
振替00120-8-767643
印刷・製本―中央精版印刷株式会社
装丁者――高橋雅之

幻冬舎文庫

ISBN978-4-344-42735-8　C0195　よ-28-1

幻冬舎ホームページアドレス　http://www.gentosha.co.jp/
この本に関するご意見・ご感想をメールでお寄せいただく場合は、
comment@gentosha.co.jpまで。